工程实践系列丛书

高等职业教育技能型人才培养规划教材

PLC 技术及应用

主编 黄勤陆 阮文韬 陈文敏

主审 肖 甘 黄海峰

西南交通大学出版社

·成 都·

图书在版编目（CIP）数据

PLC 技术及应用／黄勤陆，阮文韬，陈文敏主编. ——
成都：西南交通大学出版社，2016.3
（工程实践系列丛书）
高等职业教育技能型人才培养规划教材
ISBN 978-7-5643-4530-3

Ⅰ.①P… Ⅱ.①黄… ②阮… ③陈… Ⅲ.①plc 技术
–高等职业教育–教材 Ⅳ.①TM571.6

中国版本图书馆 CIP 数据核字（2016）第 012222 号

工程实践系列丛书
高等职业教育技能型人才培养规划教材

PLC 技术及应用

主编 黄勤陆 阮文韬 陈文敏

责 任 编 辑	宋彦博
封 面 设 计	何东琳设计工作室
出 版 发 行	西南交通大学出版社 （四川省成都市二环路北一段 111 号 西南交通大学创新大厦 21 楼）
发 行 部 电 话	028-87600564　028-87600533
邮 政 编 码	610031
网　　　址	http://www.xnjdcbs.com
印　　　刷	成都中铁二局永经堂印务有限责任公司
成 品 尺 寸	185 mm × 260 mm
印　　　张	16.25
字　　　数	407 千
版　　　次	2016 年 3 月第 1 版
印　　　次	2016 年 3 月第 1 次
书　　　号	ISBN 978-7-5643-4530-3
定　　　价	36.00 元

课件咨询电话：028-87600533
图书如有印装质量问题　本社负责退换
版权所有　盗版必究　举报电话：028-87600562

前　言

随着电气工业控制领域对智能化要求的提高，以 PLC 为代表的自动化控制技术得到了迅猛发展，并且在工厂设备和过程控制领域中得到广泛应用，因此对电气自动化领域的从业人员也提出了更高要求。为了适应现代企业对技术人员的要求，根据高职高专的培养目标，结合高职高专的教学改革和课程改革特点，我们编写了这本《PLC 技术及应用》。

《PLC 技术及应用》通过项目化教学单元，将设计、实验、技能训练、应用能力紧密结合，注重培养学生的实际动手能力和解决工程问题的能力，突出了高等职业教育在培养学生应用能力方面的特点。本教程可作为高职高专院校电气工程及其自动化、电子信息工程、机械制造及其自动化等相关专业的教学用书，也可供相关工程技术人员参考。

本教程打破传统教材的"PLC 基本知识、基本指令、工程应用"结构模式，将以往分各个独立章节来编写的模式改为以项目为教学主线，通过设计不同的任务引导学生学习 PLC 基础知识和基本技能，通过教、学、练的紧密结合，突出学生操作技能、设计能力和创新能力的培养和提高。项目是按照知识点与技能要求循序渐进编排的，学生可以通过这些项目训练实现零距离上岗，真正体现职业教育"工学结合"的特色。

本教程以三菱 FX_{2N}/FX_{3U} 系列 PLC 机型为背景机型进行介绍。全书共 5 大项目，23 个任务。项目 1 为学习引导与准备（4 个任务）；项目 2 为电动机控制系统的设计与实现（6 个任务）；项目 3 为顺序控制系统的设计与实现（3 个任务）；项目 4 为时间控制系统的设计与实现（5 个任务）；项目 5 为恒压供水系统的设计（5 个任务）。其中每个任务又由知识目标、能力目标、任务要求、任务相关知识、任务实现、思考与讨论等 6 个独立的部分组成。本教程涵盖的知识点有：PLC 硬件知识，编程软件应用，基本逻辑指令，应用指令，高速计数，高速输出，中断，通信，模拟量处理及 PID 处理等指令及应用，网络通信，触摸屏和变频器的综合应用。

此外，本书附录中提供了常用字符与 ASCII 码对照表、PLC 应用指令一览表、$FX_{3U} \cdot FX_{3UC}$ 可编程控制器软元件编号一览表、常用特殊辅助继电器（M8000～M8030）。

本书项目 1 和项目 5 由成都纺织高等专科学校黄勤陆教授编写，项目 2 和项目 4 由成都纺织高等专科学校阮文韬老师编写，项目 3 由成都纺织高等专科学校陈文敏老师编写。全书由成都纺织高等专科学校电气工程学院肖甘院长和四川高威科电气技术股份有限公司总工程师黄海峰主审。本书在编写过程中还得到了业内许多朋友的帮助和支持，也参考和引用了许多业内同仁的文章和专著，在此一并表示衷心感谢。

由于编者水平有限，书中难免存在不足及疏漏之处，恳请广大读者批评指正。有关意见与建议请发至电子邮箱：huangqinlu@163.com.

编 者

2015 年 10 月

目 录

项目1 学习引导与准备

任务1 PLC 概论

1.1 教学指南

1.1.1 知识目标

（1）了解 PLC 的定义、产生和发展趋势。

（2）掌握 PLC 的主要特点及分类。

（3）了解 PLC 的各种编程语言的特点。

1.1.2 能力目标

（1）通过实物展示，对 PLC 整体结构有一个直观的认识。

（2）能够根据实物识别不同品牌、不同规格型号的 PLC。

（3）给定一个 PLC 实物，能够根据型号规格标识说出各部分的含义和分类。

1.1.3 任务要求

通过三菱 PLC、OMRON 和西门子 PLC 实物，掌握 PLC 历史、特点、分类及编程语言的特点。

1.1.4 相关知识点

（1）可编程控制器 PLC 的定义。

（2）可编程控制器的特点。

（3）可编程控制器的分类方法。

（4）可编程控制器编程语言的特点。

1.1.5 教学实施方法

（1）项目教学法。

（2）行动导向法。

1.2　任务引入

在传统工业自动化控制领域，长期占据主导地位的是继电器-接触器控制系统，这种控制方式常见于电动机的手动控制和自动控制。自动控制主要体现在电动机点动、正反转、调试、制动等运行方式的控制，满足生产自动化过程中的工艺和技术要求。随着科学技术的发展和人们需求的变化，人们对自动化控制系统的要求越来越高，传统的继电器-接触器控制模式已经不能满足工业生产的需要。1968 年，美国通用汽车公司为适应汽车工业激烈的竞争，满足汽车型号规格不断更新的需要，提出了在汽车生产线采用计算机等新技术取代传统继电器-接触器控制装置的要求，即著名的 GM10 条。美国数字设备公司承接了这项工程项目，于 1969 年研制出了第一台可编程逻辑控制器 PDP-14，首次采用程序化的手段应用于电气控制，并在美国通用汽车公司的生产线上试用成功。这是世界上公认的第一台 Programmable Logic Controller，简称 PLC。其功能简单，只能进行开关量逻辑控制，属于第一代可编程逻辑控制器。

1.3　相关知识点

1.3.1　PLC 的定义

可编程逻辑控制器的定义是随着科学技术的发展不断变化的，国际电工委员会（IEC）在 1987 年 2 月颁发的可编程逻辑控制器标准草案的第三稿中将其定义为："可编程控制器是一种数字运算操作的电子系统，专为工业环境下应用而设计。它采用可编程序的存储器，用来在其内部存储执行逻辑运算、顺序控制、定时、计数和算术运算等操作的指令，并通过数字式、模拟式的输入和输出，控制各种机械和生产过程。可编程控制器及其有关设备，都应按易于使工业控制系统形成一个整体，易于扩充其功能的原则设计。"

1.3.2　PLC 的产生

1968 年，美国通用汽车公司提出取代继电器控制装置的 10 项招标指标，这就是著名的 GM10 条。具体技术要求如下：

（1）编程简单，可在现场修改程序。

（2）维护方便，最好是插件式。

（3）可靠性高于继电器控制柜。

（4）体积小于继电器控制柜。

（5）可将数据直接送入管理计算机。

（6）在成本上可与继电器控制柜竞争。

（7）输入可以是交流 115 V。

（8）输出为交流 115 V、2 A 以上，能直接驱动电磁阀。

（9）在扩展时，原系统只需很小变更。

（10）用户程序至少能扩展到 4KB。

1969 年，美国数字设备公司根据以上要求，研究制造出了第一台 PLC，型号为 PDP-14，并在美国通用汽车公司的生产线上成功试用。

1971 年，日本从美国引进了这项新技术，并很快研制出了日本第一台 PLC，型号为 DCS-8。

1973 年，德国西门子公司（SIEMENS）研制出欧洲第一台 PLC，型号为 SIMATIC S4。

1974 年，我国开始研制 PLC，并于 1977 年成功研制出了以 MC14500 为核心的 PLC。遗憾的是，我国的 PLC 后来因种种原因没有发展起来。值得欣慰的是，经过多年的发展，目前国内已有一批具有较强实力的公司开拓 PLC 业务，并在我国 PLC 市场占有一席之地，如和利时、德维森、安控等国产公司。

1.3.3 PLC 的现状和发展趋势

1. PLC 的发展现状

目前，随着大规模和超大规模集成电路等微电子技术的发展，PLC 的处理器已由最初的 1 位、4 位发展到现在的 16 位、32 位、64 位，而且实现了多处理器的多通道应用处理。如今，PLC 技术已非常成熟，不仅控制功能强大、功耗和体积小、成本较低、可靠性高、编程和故障检测更为灵活方便，而且随着远程 I/O 和通信网络、数据处理以及图像处理技术的发展，PLC 在过程控制、工厂自动化等领域也得到广泛应用。使其成为实现工业生产自动化的三大支柱之一。

目前，世界上有 200 多家 PLC 生产厂家，主要分布在美国、欧洲、日本、中国等地区，各地区的 PLC 产品各具特色。目前我国 PLC 市场的主要厂商有 Siemens、Mitsubishi、Omron、Rockwell、Schneider、GE-Fanuc 等国际大公司，80%以上的市场被国外产品占领，国内 PLC 厂商的市场份额还很小。

大型 PLC 的目标用户在选用 PLC 时对价格不敏感，更关注产品性能、质量和品牌，故欧美公司在大、中型 PLC 领域占有绝对优势。对中小型 PLC 的目标用户而言，市场上主要厂商的 PLC 产品均能满足其性能要求，价格是十分重要的因素，故日本公司在小型 PLC 领域占据十分重要的位置，韩国、中国的 PLC 厂商在小型 PLC 领域的发展势头十分强劲，占有一定的市场份额。

2. PLC 的发展趋势

20 世纪 70 年代中后期是 PLC 进入实用化的阶段，相对传统继电器，其极高的控制性价比奠定了它在现代工业电气控制系统中的地位。20 世纪 80 年代初，PLC 在工业比较发达的国家得到广泛应用，标志着 PLC 已步入成熟阶段。20 世纪 80 年代至 90 年代中期是 PLC 的快速发展期，在这一时期，PLC 在处理模拟量、数字运算、人机接口和网络能力等方面得到大幅度提高，PLC 逐渐进入过程控制领域，在某些应用上取代了在过程控制领域处于统治地位的 DCS 系统。20 世纪末期，发展了大型机和超小型机，诞生了各种各样的特殊功能单元、人机界面和通信模块，PLC 在工业控制设备的配套应用已经成为基本配置。随着信息技术的发展，人们对信息处理能力的要求也越来越高，要求的存储器容量也越来越大，PLC 发展趋势主要体现以下几方面：

（1）产品规模方面，向两极发展。

一方面，为适应单机及小型自动控制的需要，在向速度更快、性价比更高的小型和超小型 PLC 方向发展。另一方面，在向高速度、大容量、技术完善的大型 PLC 方向发展。

（2）向通信网络化发展。

PLC 网络控制是当前控制系统和 PLC 技术发展的潮流。PLC 与 PLC 之间的联网通信、PLC 与上位计算机的联网通信已得到广泛应用。PLC 制造商在发展自己专用的通信模块和通信软件以加强 PLC 的联网能力的同时，各 PLC 制造商之间也在协商指定通用的通信标准，以构成更大、更透明的网络应用系统。

（3）向模块化、智能化发展。

为满足工业自动化各种控制系统的需要，近年来，PLC 厂家先后开发了不少新器件和新功能模块，例如智能 I/O 模块、温度控制、PID 调节、称重、张力调节、视觉检测等专用智能模块。这些模块的开发和应用不仅增强了 PLC 的功能，扩展了 PLC 的应用范围，还提高了系统的可靠性。

（4）向多样化和标准化发展。

各 PLC 厂家的编程语言、编程工具、通信协议多样、不统一，PLC 厂家在内部和厂家之间的通信协议、编程语言和编程工具等方面也日益规范化和标准化，并存、互补与标准化是 PLC 软件进步的一种趋势。

3. PLC 的特点

PLC 是为适应工业使用环境而设计的，与一般电气控制装置相比较，PLC 具有以下几方面的特点：

（1）可靠性高。

PLC 能在一般强电磁干扰环境、高温、振动、冲击和粉尘等恶劣环境下可靠工作，其可靠性高，抗干扰能力强，对环境要求低。

工业生产对控制设备的可靠性要求主要体现为两个技术指标：平均无故障时间（MTBF）和平均恢复时间（MTTR）。

（2）灵活性强。

PLC 硬件配置品种齐全，通过灵活、合理的配置组合能满足各种系统的控制要求。用户在确定好硬件配置后，在生产工艺流程改变或生产设备更新的情况下，不必改变过多的 PLC 硬件设备，只需改编程序就可以满足要求，所以 PLC 灵活性强、使用方便。

（3）功能强大。

PLC 不仅有逻辑控制、数学运算、计时计数、顺序控制等功能，还具有数字量和模拟量处理、功率驱动、网络通信、人机对话、自检、记录显示和强大的网络功能。

（4）容易应用。

"梯形图"编程是 PLC 基本编程方法。梯形图编程语言的元件符号和表达方式与继电器控制电路原理图相当接近。电气技术人员通过学习 PLC 的用户手册或短期培训，很快就能学会用梯形图编制控制程序。

（5）工作量小。

由于 PLC 在硬件上采用模块化设计，软件上取代了继电器控制系统中大量的中间继电器、时间继电器、计数器等器件，控制柜的设计、安装、接线工作量大为减少，用户程序可以在实验室模拟调试，减少了现场的调试工作量，节省了系统设计、施工、调试时间和空间。

（6）维护方便。

PLC 将最新的微电子技术应用于工业设备中，其结构紧凑、坚固、体积小、重量轻、功耗低，且相关软件设置、编程及调试方便。此外，由于 PLC 采用模块化设计、MTBF 长、故障率低、运行监测和维护方便。

1.3.4 PLC 的分类

PLC 产品的种类繁多，其规格和性能也各不相同，通常根据其结构和功能进行分类。

1. 按结构形式分类

根据 PLC 的结构形式，可将 PLC 分为整体式和模块式两类。

（1）整体式 PLC。

整体式 PLC 是将电源、CPU、I/O 接口等部件都集中装在一个机箱内，具有结构紧凑、体积小、价格低的特点。小型 PLC 一般采用整体式结构。

（2）模块式 PLC。

模块式 PLC 是将 PLC 各组成部分，分别做成若干个独立的模块，如 CPU 模块、I/O 模块、电源模块以及各种功能模块。模块式 PLC 由框架或基板和各种模块组成。模块装在框架或基板的插座上。模块式 PLC 的特点是配置灵活，可根据需要选配不同规模的系统，而且装配方便，便于扩展和维修。大、中型 PLC 一般采用模块式结构。

另有一些 PLC 兼具整体式 PLC 和模块式 PLC 的特点。

2. 按功能和规模分类

根据 PLC 的功能和 I/O 点数，可将 PLC 分为小型、中型和大型三类。

（1）小型 PLC。

小型 PLC 的 I/O 点数一般在 256 点以下，用户存储器容量在 8 KB 以下。如日本三菱电气公司的 FX_{2N}、FX_{3U} 系列，德国西门子公司的 S7-200 系列、S7-1200 系列，法国施耐德电气公司的 TWIDO 系列。小型 PLC 具有逻辑运算、定时、计数、移位以及自诊断、监控等基本功能，还有少量的模拟量输入/输出、算术运算、数据传送和比较、通信、中断控制、PID 控制等功能。这类 PLC 主要用于逻辑控制、顺序控制或少量模拟量控制的单机控制系统中。

（2）中型 PLC。

中型 PLC 的 I/O 点数一般为 256～2 048 点，如德国西门子公司的 S7-300 系列，法国施耐德电气公司的 Modicon M 系列。中型 PLC 除了具有低档 PLC 的功能外，还具有较强的模拟量输入/输出、算术运算、数据传送和比较、数制转换、远程 I/O、子程序、通信联网等功能，适用于复杂控制系统。

（3）大型 PLC。

大型 PLC 的 I/O 点数一般大于 2 048 点，采用 16 位、32 位、64 位处理器，用户存储器容量大，如德国西门子公司的 S7-400 系列，法国施耐德电气公司的 Modicon Quantum 和 Modicon Premium 系列，日本三菱电气公司的 Q 系列。大型 PLC 除具有中档机的功能外，还增加了带符号算术运算、矩阵运算、位逻辑运算、平方根运算及其他特殊功能函数的运算、制表及表格传送、网络和热备份以及更强的通信联网等功能，用于大规模过程控制或构成分布式网络控制系统，实现工厂整体自动化。

1.4　知识拓展

1.4.1　PLC 故障类型

PLC 也是一种电子设备，其故障通常分为两种：偶发性故障、永久性故障。

1. 偶发性故障

偶发性故障是由于外界环境恶劣如电磁干扰、超高温、超低温、过电压、欠电压、振动等引起的故障。这类故障，一旦环境条件恢复正常，系统部件没用损坏，系统也随之恢复正常。但对 PLC 而言，受外界影响后，内部存储的信息可能被破坏，需要重新下载程序。

2. 永久性故障

永久性故障是由于元器件不可恢复的破坏而引起的故障。如果能限制偶发性故障的发生条件，使 PLC 在恶劣环境中不受影响或能把影响的后果限制在最小范围，使 PLC 在恶劣条件消失后自动恢复正常，这样就能提高平均故障间隔时间；如果能在 PLC 上增加一些自诊断措施和适当的保护手段，在永久性故障出现时，能很快查出故障发生点，并将故障限制在局部，就能降低 PLC 的平均修复时间。

1.4.2　PLC 采取的故障措施

各 PLC 的生产厂商在硬件和软件方面采取了多种措施，使 PLC 除了本身具有较强的自诊断能力，能及时给出出错信息，停止运行等待修复外，还使 PLC 具有了很强的抗干扰能力。采取的措施体现在硬件和软件两方面。

1. 硬件措施

硬件措施主要体现在设计和制作两方面。设计方面主要体现在功能模块均采用大规模或超大规模集成电路，大量开关动作由无触点的电子存储器完成，I/O 系统设计有完善的通道保护和信号调理电路。具体措施如下：

（1）屏蔽：对电源变压器、CPU、编程器等主要部件，采用导电、导磁性能良好的材料进行屏蔽，以防外界干扰。

（2）滤波：对供电系统及输入线路采用多种形式的滤波，如 LC 或 Π 型滤波网络，以消除或抑制高频干扰，也削弱了各种模块之间的相互影响。

（3）电源调整与保护：对微处理器这个核心部件所需的 + 5 V/3.3 V 电源，采用多级滤波，并用集成电压调整器进行调整，以适应交流电网的波动和过电压、欠电压的影响。

（4）隔离：在微处理器与 I/O 电路之间，采用光电隔离措施，有效地隔离 I/O 接口与 CPU 之间的电联系，减少故障和误动作；各 I/O 口之间也彼此隔离。

（5）采用模块式结构：模块式结构有助于在故障情况下短时修复。一旦查出某一模块出现故障，能迅速更换，使系统恢复正常工作，同时也有助于加快查找故障原因。

2. 软件措施

软件方面主要采用了极强的自检及软件保护功能。

（1）故障检测：软件定期地检测外界环境，如掉电、欠电压、锂电池电压过低及强干扰信号等，以便及时进行处理。

（2）信息保护与恢复：PLC 在检测到故障条件时，立即把当前的状态信息存入存储器，系统软件配合对存储器进行封闭，禁止对存储器进行任何操作，以防存储信息被冲掉。一旦故障条件消失，就可恢复正常，继续原来的程序工作。

（3）设置警戒时钟 WDT（看门狗）：如果程序每循环扫描周期执行时间超过了 WDT 规定的时间，预示程序进入了死循环，立即进行报警。

（4）程序检查：PLC 加强了对程序的检查和校验，一旦程序有错，立即报警，并停止执行。对程序及动态数据进行电池后备，停电后，利用后备电池供电，有关状态及信息就不会丢失。

（5）抗干扰测试：PLC 的出厂试验项目中，有一项就是抗干扰试验。要求它在承受幅值为 1 000 V，上升时间为 1 ns，脉冲宽度为 1 μs 的干扰脉冲的情况下，系统程序运行正常。

1.4.3 PLC 的应用范围

当前 PLC 已广泛应用于机械制造、电力、轻工纺织、冶金、石油、化工、建材、环保及文化娱乐等行业，随着 PLC 性能价格比的不断提高，其应用领域还在不断扩大。从应用类型看，PLC 的应用大致可归纳为以下几个方面：

1. 开关量逻辑控制

利用 PLC 最基本的逻辑运算、定时、计数等功能实现逻辑控制，取代传统的继电器控制电路。多用于单机控制、多机群控制、自动化生产线控制等，例如机床、注塑机、印刷机械、装配生产线、电镀流水线及电梯的控制等。这是 PLC 最基本的应用，也是 PLC 最广泛的应用领域。

2. 运动控制

大多数 PLC 都有驱动步进电机或伺服电机的单轴或多轴位置控制模块。这一功能广泛用于数控机床、装配机械、机器人等运动控制系统中。

3. 过程控制

当前大、中、小型 PLC 都具有模拟量 I/O 模块和 PID 控制功能，可实现模拟量控制和构成闭环控制系统，用于过程控制系统中。这一功能已广泛用于石油化工、钢铁、水处理等领域。

4. 数据处理

现代的 PLC 具有较强的数学运算、数据传送、转换、排序和查表等功能，可进行数据的采集、分析和处理，同时可通过通信接口将这些数据传送给其他智能装置、上位机和管理系统。

5. 通信联网

PLC 的通信包括 PLC 与 PLC、PLC 与上位计算机、PLC 与其他智能设备之间的通信。PLC 系统与通用计算机可直接或通过通信处理单元、通信转换单元相连构成网络，以实现信息的交换，并可构成"集中管理、分散控制"的多级分布式控制系统，满足工厂自动化（FA）系统的发展需要。

思考与练习

1. 什么是 PLC？它有哪些主要特点？
2. PLC 是如何分类的？
3. 简述 PLC 的现状和发展趋势。
4. 简述 PLC 在抗干扰方面采取的技术措施。
5. 简述 PLC 的应用范围。

任务 2 PLC 的组成和工作原理

2.1 教学指南

2.1.1 知识目标

（1）掌握 PLC 硬件系统的结构组成。

（2）掌握 PLC 的工作原理。

（3）了解 PLC 的编程语言类型及其特点。

2.1.2 能力目标

（1）能够熟练陈述三菱 PLC 的基本组成。

（2）能够正确对三菱 PLC 进行电源和硬件接线操作。

（3）能够熟练应用三菱 FX_{2N} 系列 PLC 的内部存储资源。

2.1.3 任务要求

通过三菱 PLC 的认知，掌握 PLC 的工作原理和软件编程方法。

2.1.4 相关知识点

（1）PLC 硬件系统的结构组成。

（2）PLC 的工作原理。

（3）PLC 的编程语言类型及其特点。

（4）三菱 PLC 硬件资源介绍。

（5）三菱 FX_{2N}/FX_{3U} 的硬件接线。

2.1.5 教学实施方法

（1）项目教学法。

（2）行动导向法。

2.2 任务引入

三菱 PLC 由日本三菱电机股份有限公司设计生产，在全球 PLC 市场中，特别是在中小型 PLC 市场占有重要的位置。三菱 PLC 包括 MELSEC iQ-R 系列、MELSEC Q 系列、MELSEC L 系列、MELSEC QS/WS 系列、MELSEC FX 系列等几个系列产品。其中 L 和 Q 系列属于中大型 PLC，FX 系列属于小型 PLC。

FX 系列 PLC 包括 FX_{1S}、FX_{1N}、FX_{2N}、FX_{3U} 等基本类型的 PLC，早期还包括 FX_0 系列产品。FX_{1S} 系列为整体固定 I/O 结构，最大 I/O 点数为 40 点，I/O 点数不可扩展；FX_{1N}/FX_{2N}/FX_{3U} 系列为基本单元加扩展的结构形式，可以通过 I/O 扩展模块增加 I/O 点数。FX_{1N} 的最大 I/O 点数是 128 点，FX_{2N} 的最大 I/O 点数是 256 点，FX_{3U} 的最大 I\O 点数是 384 点。

基本系列的端子连接采用接线端子，交直流电源供电可选。FX_{1NC}、FX_{2NC}、FX_{3UC} 是 FX_{1N}、FX_{2N}、FX_{3U} 基本系列的变形，主要区别是 PLC 的电源输入和端子的连接方式不一样，变形系列的端子采用的插入式，输入电源只能是 DC 24 V，较基本系列要便宜；在保持了原有强大功能的基础上实现了极为可观的规模缩小 I/O 型接线接口，降低了接线成本，并且大大节省了时间。

FX_{1S} 系列 PLC 只能通过 RS-232、RS-422/RS-485 等标准接口与外部设备、计算机以及 PLC 之间通信。FX_{1N}/FX_{2N}/FX_{3U} 增加了 AS-I/CC-Link 等网络通信功能。

FX_{1S} 系列 PLC 是三菱 PLC 中一种集成型小型单元式 PLC，且具有完整的性能和通信功能等扩展性。如果考虑安装空间和成本，该系列产品是一种理想的选择。

FX_{1N} 系列 PLC 是三菱电机推出的功能强大的普及型 PLC，具有扩展输入/输出，模拟量控制和通信、链接功能等扩展性，广泛应用于基本顺序控制系统中。

FX_{2N} 系列 PLC 是三菱 PLC FX 家族中曾经最先进的系列，具有高速处理及可扩展大量满足单个需要的特殊功能模块等特点，为工厂自动化应用提供较大的灵活性和控制能力。

FX_{3U} 系列 PLC 是三菱电机公司新近推出的新型第三代 PLC，取代了 FX_{2N} 系列。其基本性能大幅提升，使用更加方便，主要性能有以下几方面：

（1）内置高达 64 KB 的大容量 RAM 存储器，标准模式时基本指令处理速度可达 0.21 µs。

（2）控制规模：16～384（包括 CC-Link I/O）点。

（3）内置独立 3 轴 100 kHz 定位功能（晶体管输出型），增加了新的定位指令，定位控制功能更加强大。

（4）基本单元左侧均可以连接功能强大、简便易用的适配器。

（5）内置的编程口可以实现 115.2 kb/s 的高速通信，而且最多可以同时使用 3 个通信口。

（6）通过 CC-Link 网络的扩展可以实现最高 384 点（包括远程 I/O 在内）的控制。

（7）模块上可以进行软元件的监控、测试、时钟的设定。

（8）FX_{3U} 系列 PLC 还可以将该显示模块安装在控制柜的面板上。

（9）FX_{3U} 系列 PLC 编程软件需要 GX Developer 8.23Z 以上版本。

（10）基本单元自带两路高速通信接口 RS-422 和 USB。

2.3 相关知识点

2.3.1 PLC 的硬件结构

PLC 主要由中央处理单元（CPU）、存储器（RAM、ROM）、输入/输出单元（I/O）、电源和编程器等几部分组成。PLC 的硬件结构如图 2-1 所示。

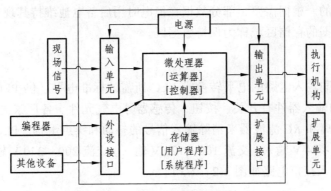

图 2-1 PLC 的硬件结构

1. 中央处理器（CPU）

PLC 中的 CPU 主要是单片机、ARM、DSP 等处理器，由控制器、运算器和寄存器组成。CPU 通过地址总线、数据总线与 I/O 接口电路相连接。输入信息从输入接口进入系统，CPU 将其存入工作数据存储器中或输入映象寄存器中，由 CPU 把数据和程序有机地结合在一起进行处理，把处理结果存入输出映象寄存器或工作数据存储器中，输出到外部输出接口，控制外部驱动器。

2. 存储器

存储器主要有两种：一种是可读/写操作的随机存储器 RAM，另一种是只读存储器或可擦除可编程的只读存储器 ROM、PROM、EPROM 和 EEPROM。存储器主要用于存放系统程序、用户程序和工作状态数据，包括系统存储器和用户存储器。

（1）系统存储器。

系统存储器用来存放 PLC 生产厂家编写的系统程序，包括监控程序、管理程序、命令解释程序、功能子程序、系统诊断子程序等。系统程序固化在 ROM 内，不能由用户更改，断电后不消失，它使 PLC 具有基本的功能，能够完成 PLC 上电初始化操作和设计者规定的各项工作，它和硬件一起决定了该 PLC 的性能。

（2）用户存储器。

用户存储器包括用户程序存储器（程序区）和用户数据存储器（数据区）两部分。用户程序存储器用来存放各种用户程序，是由用户针对具体控制任务采用 PLC 编程语言编写的。用户程序存储器有 RAM、EPROM 或 EEPROM 几种类型，其内容由用户修改和增删。用户数据存储器可以用来存放用户程序中所使用器件的 ON/OFF 状态和数据。

用户存储器的大小关系到用户程序容量的大小，是反映 PLC 性能的重要指标之一。用户的内容在断电后可能消失。为了便于读出、检查和修改，用户程序一般存于 CMOS 静态 RAM

中，用锂电池作为后备电源，以保证掉电时不会丢失信息。锂电池的寿命一般为 3 ~ 5 年。为了防止干扰对 RAM 中程序的破坏，当用户程序运行正常、不需要改变时，可将其固化在只读存储器 EPROM 中。现在有许多 PLC 直接采用 EEPROM 作为用户存储器。

常用、高效的工作数据是 PLC 运行过程中经常变化、经常存取的一些数据，存放在 RAM 中，以适应随机存取的要求。在 PLC 的工作数据存储器中，设有存放输入/输出继电器、辅助继电器、定时器、计数器等逻辑器件的存储区，这些器件的状态都是由用户程序的初始设置和运行情况确定的。根据需要，部分数据在掉电时用后备电池维持其现有的状态，这部分在掉电时可保存数据的存储区域称为保持数据区。

3. 输入接口

输入单元将不同输入电路的电平转换成 PLC 所需的标准电平，供 PLC 进行处理。连接到 PLC 输入接口的输入器件有开关、按钮、传感器等电气元件。各厂家输入电路大致相同，具有光电耦合器隔离和 *RC* 滤波器来消除输入信号的抖动和噪声干扰。PLC 输入电路通常有三种类型：直流 12 ~ 24 V 输入、交流 100 ~ 120 V 输入、交流 200 ~ 240 V 输入和交直流 12 ~ 24 V 输入。常见输入接口电路如图 2-2、2-3 所示。

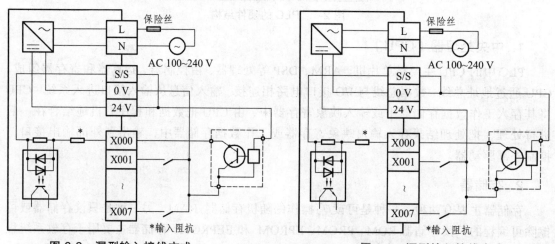

图 2-2　漏型输入接线方式　　　　　　　　　　图 2-3　源型输入接线方式

图 2-2 中，在输入（X）端子和（0 V）端子之间连接无电压触点或 NPN 集电极开路型晶体管输出，导通时，输入（X）为 ON 状态，此时显示输入用的 LED 灯亮。源型输入输入（+公共端）信号的接线如图 2-3 所示。图 2-3 中，在输入（X）端子和（24 V）端子之间连接无电压触点或 PNP 集电极开路型晶体管输出，导通时，输入（X）为 ON 状态，此时显示输入用的 LED 灯亮。

光电耦合器由两个发光二极管和光电三极管组成。如果在光电耦合器的输入端加上变化的电信号，发光二极管就产生与输入信号变化规律相同的光信号。光电三极管是在光信号的照射下导通，导通程度与光信号的强弱有关。在光电耦合器的线性工作区内，输出信号与输入信号有线性关系。

输入接口电路工作过程：开关合上，发光二极管发光，光电三极管在光的照射下导通，向内部电路输入信号；开关断开，发光二极管不发光，光电三极管不导通。也就是说，通过输入接口电路可把外部的开关信号转化成 PLC 内部所能接受的数字信号。

当 DC 输入信号是从输入（X）端子流出电流然后输入时，称为漏型输入，连接晶体管输出型的传感器等时，可以使用 NPN 开集电极型晶体管。当 DC 输入信号是电流流向到输入（X）端子的输入时，称为源型输入，连接晶体管输出型的传感器等时，可以使用 PNP 开集电极型晶体管。

4．输出接口

PLC 的输出有三种形式，即继电器输出、晶体管输出、晶闸管输出。三种输出接口电路的特点如下：

> 晶体管输出：无触点、寿命长、直流负载。
> 继电器输出：有触点、寿命短、频率低、交直流负载。
> 晶闸管输出：无触点、寿命长、交流负载。

工作过程：当内部电路输出数字信号为 1 时，有电流流过，继电器线圈有电流，常开触点闭合，提供负载导通的电流和电压；当内部电路输出数字信号为 0 时，则没有电流流过，继电器线圈没有电流，常开触点断开，断开负载的电流或电压。也就是说，通过输出接口电路可把内部的数字信号转换成电压/电流信号，使负载动作或不动作。

输出端子有两种接法：一种是输出各自独立，无公共点，各输出端子各自形成独立回路。另一种为每 4 ~ 8 个输出点构成一组，共用一个公共点。在输出共用一个公共端子时，必须用同一电压类型和同一电压等级，但不同的公共点组可使用不同电压类型和等级的负载，且各输出公共点之间是相互隔离的。

（1）晶体管输出接线方式。

晶体管输出分漏型和源型两种形式。漏型输出（－公共端），负载电流流到输出（Y）端子，这样的输出称为漏型输出。COM□（编号）端子上连接负载电源的负极，COM□端子之间内部未连接，如图 2-4 所示。源型输出（＋公共端），负载电流从输出（Y）端子流出，这样的输出称为源型输出。＋V□（编号）端子上连接负载电源的正极，＋V□端子之间内部未连接，如图 2-5 所示。

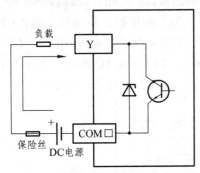

图 2-4　晶体管漏型输出接线方式

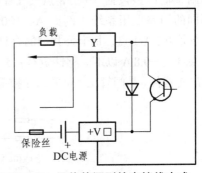

图 2-5　晶体管源型输出接线方式

（2）继电器输出接线方式。

继电器输出型产品包括 1 点、4 点、8 点公共端输出型的产品，可以各公共端为单位，驱动不同的回路电压系统（例如 AC 200 V、AC 100 V、DC 24 V 等）的负载。负载分电阻负载和电感负载。电阻负载每个公共端的合计负载电流有限制，输出 1 点/1 个公共端在 2 A 以下，输出 4 点/1 个公共端在 8 A 以下，输出 8 点/1 个公共端在 8 A 以下。继电器线圈通电时面板上的 LED 灯亮，继电器输出回路的结构如图 2-6 所示。

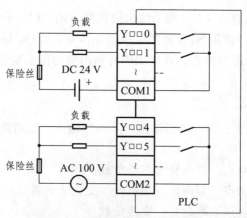

图 2-6 继电器输出型接线方式

输出继电器从线圈通电到输出触点合上为止，或是从线圈断开到输出触点断开为止的响应时间均约为 10 ms。对于 AC 240 V 以下（不对应 CE、UL、CUL 规格时，AC 250 V 以下）的回路电压，在电阻负载情况下可以驱动 2 A/1 点的负载，在电感性负载情况下可以驱动 80 V·A 以下（AC 100 V 或 AC 200 V）的负载。电感性负载开关动作时，需在该负载上并联二极管（续流用）以及浪涌吸收器。DC 回路采用二极管续流，如图 2-7 所示。AC 回路采用浪涌吸收器续流，如图 2-8 所示，图中静电容量为 0.1 μF 左右，电阻值为 100 ~ 200 Ω。

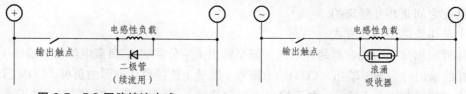

图 2-7　DC 回路续流方式　　　　　图 2-8　AC 回路续流方式

（3）晶闸管（SSR）输出接线方式（见图 2-9）。

晶闸管输出型包括 4 点、8 点共 1 个公共端输出型的产品，因此可以以各公共端为单位驱动不同的回路电压系统（例如 AC 100 V、AC 200 V 等）的负载。晶闸管（SSR）输出型电阻负载是 0.3 A/1 点，每个公共端的合计负载电流是：输出 4 点/公共端——0.8 A 以下，输出 8 点/公共端——0.8 A 以下。感性负载：5 V·A/AC 100 V，30 V·A/AC 200 V。PLC 的内部回路与输出元器件（晶闸管）之间采用光控晶闸管进行隔离，而且各公共端部分之间也相互隔离。

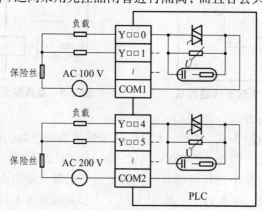

图 2-9　晶闸管输出型接线方式

PLC 的晶闸管输出会产生 1 mA/AC 100 V、2 mA/AC 200 V 的开路漏电流。由于晶闸管输出型产品存在开路漏电流，晶闸管输出即使断开，额定动作电流较小的小型继电器和微小电流的负载有时候会保持动作，因此晶闸管输出端子中，并联了断路用的 *CR* 吸收器。一般选择 0.4 V·A 以上/AC 100 V、1.6 V·A 以上/AC 200 V 的负载，负载低于这个规格时，需要并联浪涌吸收器，如图 2-10 所示。

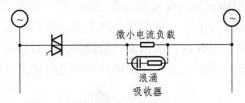

图 2-10　晶闸管输出负载电路续流方式

5. 电　源

PLC 一般由 AC 220 V、DC 24 V、AC 24 V 电源供电。

6. 编程器

编程器的作用不仅仅是将用户程序输入 PLC 的存储器，还可以用来检查程序、修改程序、监视 PLC 的工作状态。常用的编程器有手持式和电脑两种。

2.3.2　PLC 的软件结构

PLC 的软件分为两大部分：系统监控程序和用户程序。系统监控程序用于控制可编程控制器本身的运行，主要由管理程序、用户指令解释程序、标准程序模块、系统调用等组成。用户程序是由 PLC 的使用者编制的，用于控制被控装置的运行。

2.3.3　PLC 的工作原理

PLC 采用循环扫描的方式进行工作，循环扫描一次所用的时间称为一个扫描周期。一个扫描周期分为内部处理、读取输入信息、程序执行、输出刷新几个环节，如图 2-11 所示。

（1）内部处理：系统自检测，如检测程序存储器容量、实时时钟当前值的修改、状态指示灯的改变，检测 PLC 运行/停止的变化，检测其他系统参数，处理来自编程端口的请求。

（2）读取输入信息：将输入信息读入存储器。

（3）程序处理：用户程序的执行。

（4）输出值刷新：刷新输出信号。

1. 内部处理

在此阶段，PLC 检查 CPU 模块的硬件是否正常、复位定时器和计算器，以及完成一些其他内部工作（例如 PLC 与智能模块通信、响应编程器键入的命令、更新编程器的显示内容等）。

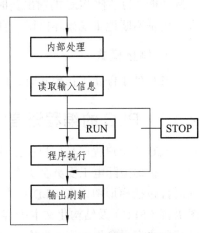

图 2-11　PLC 循环扫描过程

2. 输入处理

输入处理也叫输入采样。在此阶段顺序读入所有输入端子的通断状态，并将读入的信息存入内存中所对应的映象寄存器，此时输入映象寄存器被刷新。

3. 程序执行

根据 PLC 梯形图程序扫描原则，按先左后右、先上后下的步序，逐句扫描执行程序。若遇到程序跳转指令，则根据跳转条件是否满足来决定程序的跳转地址。当用户程序涉及输入输出状态时，PLC 从输入映象寄存器中读出上一阶段采入的对应输入端子状态，从输出映象寄存器读出对应映象寄存器的当前状态。根据用户程序进行逻辑运算，运算结果再存入相关的寄存器中。

4. 输出处理

程序执行完毕，将输出映象寄存器状态转存到输出锁存器，通过隔离电路驱动功率放大电路，使输出端子向外界输出控制信号，驱动外部负载。

由于 PLC 采用循环扫描工作方式，每次扫描过程是集中对输入信号进行采样，集中对输出信号进行刷新。在程序执行阶段，输入端口关闭，即使输入发生了变化，输入状态映象寄存器的内容也不会变化，要等到下一扫描周期的输入处理阶段，新状态才被读入和改变。元件映象寄存器的内容是随着程序的执行而变化的。扫描周期的长短由 CPU 执行指令的速度、指令本身占有的时间、指令条数决定的。由于采用集中采样和集中输出的方式，所以存在输入/输出滞后的现象，即输入/输出响应延迟。

2.3.4　PLC 的工作模式

PLC 的常见工作模式为运行模式和停止模式。

1. 运行工作模式

PLC 处于运行工作模式时，要进行内部处理、输入处理、程序处理、输出处理，然后按上述过程循环扫描工作。在运行模式下，PLC 反复执行反映用户控制要求的程序来实现工艺控制功能。为了使 PLC 的输出及时地响应随时可能变化的输入信号，用户程序不是只执行一次，而是不断地重复循环执行，直至 PLC 停机或切换到停止工作模式。

2. 停止模式

PLC 处于停止工作模式时，PLC 只进行内部处理和自检等。

2.3.5　PLC 的编程语言

PLC 的用户程序是用户根据控制系统的工艺和技术要求，利用 PLC 编程语言设计的程序代码。根据国际电工委员会（IEC）制定的工业控制编程语言标准（IEC 1131-3），PLC 的编程语言包括梯形图语言（LD）、指令表语言（IL）、功能模块图语言（FBD）、顺序功能流程图语言（SFC）及结构化文本语言（ST）五种编程语言。该标准允许在同一个 PLC 中使用多种编程语言，允许程序开发人员对每一个特定的任务选择最合适的编程语言，允许在同一个控制程序不同的软件模块中用不同的编程语言，以充分发挥不同编程语言的应用特点。标准中的多语言包容性很好地为 PLC 软件技术的进一步发展提供了足够的技术空间和自由度。当然，目前不同公司或同一公司不同产品系列支持的语言种类有一些差异。以大中型 PLC 支持的语言种类来说，施耐德公司的 Momentum 和 Premium 系列支持 IEC 定义的五种编程语言，三菱 FX 支持三种编程语言。用户可以根据自己的编程习惯，合理使用不同语言。最佳方式是根据控制对象的特点，使用不同语言，达到应用程序简洁、易维护的目的。

1. 梯形图语言（LD）

梯形图是 PLC 程序设计中最常用的编程语言。它是一种以图形符号及图形符号在图中的相互关系表示控制关系的编程语言，与继电器线路类似。梯形图语言中某些编程元件沿用了继电器这一名称，例如输入继电器、输出继电器、内部辅助继电器等，但是它们不是真实的物理继电器，而是在用户程序中使用的编程元件，是 PLC 内部寄存器。梯形图编程语言的特点是与电气操作原理图相对应，具有直观性和对应性，由于电气设计人员对继电器控制电路十分熟悉，因此，梯形图编程语言得到了广泛的应用。

图 2-12 是典型的交流异步电动机直接启动控制电路图，图 2-13 是采用 PLC 控制的梯形图程序，图 2-14 是对应的指令表程序。

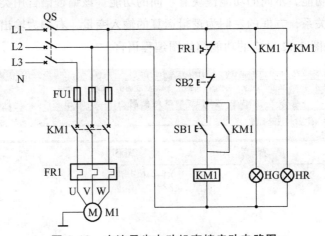

图 2-12　交流异步电动机直接启动电路图

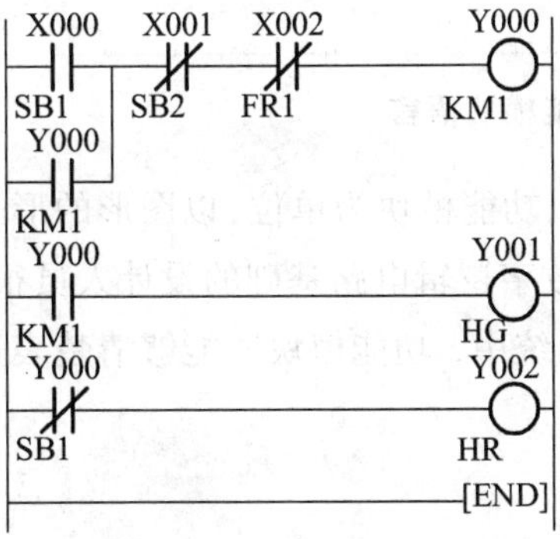

图 2-13　PLC 梯形图

步序	指令	器件号
0	LD	X000
1	OR	Y000
2	ANI	X001
3	ANI	X002
4	OUT	Y000
5	LD	Y000
6	OUT	Y001
7	LDI	Y000
8	OUT	Y002
9	END	

图 2-14　PLC 指令表

从图 2-13 可看出梯形图编程语言具有如下特点：

（1）每个梯形图由多个梯级组成。

（2）梯形图中左右两边的竖线表示假想的逻辑电源。当某一梯级的逻辑运算结果为"1"时，有假想的电流通过。

（3）继电器线圈只能出现一次，而它的常开、常闭触点可以出现无数次。

（4）每一梯级的运算结果，立即被后面的梯级所利用。

（5）输入继电器受外部信号控制，只出现触点，不出现线圈。

2. 指令表语言（IL）

指令表编程语言是与汇编语言类似的一种助记符编程语言，由操作码和操作数组成，语句指令依一定的顺序排列而成。在无计算机的情况下，适合采用手持编程器对用户程序进行编制。如图 2-14 所示，指令表编程语言与梯形图编程语言图一一对应，在大部分 PLC 厂家的编程软件环境下可以相互转换。

3. 功能模块图语言（FBD）

功能模块图语言是与数字逻辑电路类似的一种 PLC 编程语言，采用功能模块图的形式来表示模块所具有的功能，不同的功能模块有不同的功能。该编程语言用类似与门、或门的方框来表示逻辑运算关系，方框的左侧为逻辑运算的输入变量，右侧为输出变量，信号自左向右流动。图 2-15 是图 2-12 对应的功能模块图编程语言。

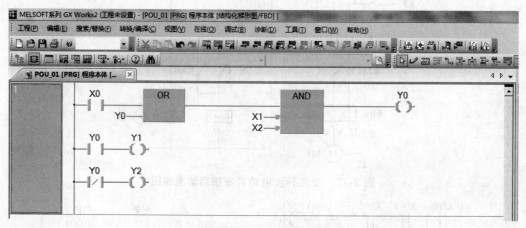

图 2-15　PLC 功能模块语言

从图 2-15 可以看出，功能模块图编程语言是以功能模块为单位，以图形的形式表达功能，分析理解控制方案简单容易、直观性强，是具有数字逻辑电路基础的设计人员很容易掌握的编程语言。在规模大、控制逻辑关系复杂的控制系统中，功能模块图能够清楚表达功能关系，可使编程调试时间大大减少。

4. 顺序功能流程图语言（SFC）

顺序功能流程图语言是为了满足顺序逻辑控制要求而设计的编程语言。编程时将顺序流程动作的过程分成步和转换条件，根据转移条件对控制系统的功能流程顺序进行分配，一步一步地按照工艺顺序动作。每一步代表一个控制功能任务，用方框表示。在方框内有用于完成相应控制功能的梯形图逻辑。这种编程语言使程序结构清晰，易于阅读及维护，大大减轻了编程的工作量，能够缩短编程和调试时间，适合用于系统规模较大、程序关系较复杂的场合。图 2-16 所示是一个简单的顺序功能流程图编程语言的示意图。

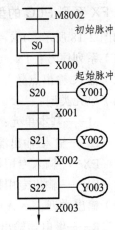

图 2-16 中，初始脉冲 M8002 启动 S0 状态，当 X0 上升沿来时，进入 S20 状态，Y001 输出；当 X1 上升沿来时，进入 S21 状态，Y002 输出；当 X3 上升沿来时，回到初试状态 S0。

顺序功能流程图编程语言包含步、动作、转换三个要素，是将复杂的顺序控制过程分解为一个个小的工作状态，再将这些小状态的功能分别处理后依顺序连接组合成整体的控制程序。其特点是以功能为主线，按照功能流程的顺序分配，条理清楚，便于对用户程序的理解；避免了梯形图或其他语言不能顺序动作的缺陷，同时也避免了用梯形图语言对顺序动作编程时，由于机械互锁造成用户程序结构复杂、难以理解的缺陷；用户程序扫描时间也大大缩短。

图 2-16　顺序流程图（SFC）

5. 结构化文本语言（ST）

结构化文本语言是用结构化的描述文本来描述程序的一种编程语言。它是一种类似于高级语言的 PLC 编程语言。在大中型的 PLC 系统中，常采用结构化文本来描述控制系统中各个变量的关系，主要用于其他编程语言较难实现的用户程序编制。结构化文本编程语言采用的是计算机的描述方式来描述系统中各种变量之间的各种运算关系，完成所需的功能或操作。大多数 PLC 制造商采用的结构化文本编程语言与 BASIC 语言、PASCAL 语言或 C 语言等高级语言相似，但为了应用方便，在语句的表达方法及语句的种类等方面都进行了简化。图 2-17 所示就是用结构化文本语言编写的程序示例。

图 2-17　结构化文本语言

图 2-17 中，X0 由 OFF→ON 时，Y10 置为 ON，1 s 后置为 OFF。X1 置为 ON 时，将 K10 传送至 D0（在标签"VAR1"中定义）。X2 置为 ON 时，将 K20 传送至 D0（在标签"VAR1"中定义）。

结构化文本编程语言在编程中支持运算符、控制语句、函数，能实现复杂的数学运算，程序简洁、紧凑，可以完成较复杂的控制运算。其不足是对工程设计人员要求较高，需要具有一定的计算机高级语言的知识和编程技巧，直观性和操作性较差。

2.4 知识拓展

现对三菱 FX 系列 PLC 的型号意义和 FX3U 系列 PLC 基本知识进行简单的介绍。

1. FX 系列 PLC 的型号及其意义

如图 2-18 所示，FX 系列 PLC 的型号的含义如下：

（1）系列序号：1N、2C、2N、3U、3UC、3G。

（2）输入/输出点数。

（3）单元类型：

  M——基本单元；

  E——输入/输出混合扩展单元及扩展模块；

  EX——输入专用扩展模块；

  EY——输出专用扩展模块。

图 2-18　FX 系列 PLC 型号及其意义

（4）输出类型：

  R——继电器输出；

  T——晶体管输出；

  S——晶闸管输出。

（5）特殊品种：

  D——DC 电源；

  A1——AC 电源；

  H——大电流输出扩展模块；

  V——立式端子排的扩展模块；

  C——接插口输入/输出方式；

  F——输入滤波器 1 ms 扩展模块；

  L——TTL 输入扩展模块；

  S——独立端子（无公共端）扩展模块。

说明：FX3U 系列与 FX2N 系列的编号方式不一样。FX3U 系列采用世界通用的编号方式，例如 DS 表示 DC 24 V 供电，ES 表示晶体管型为漏输出，ESS 表示晶体管型为源输出。FX3U 系列 64 点基本单元型号如表 2-1 所示。

表 2-1　FX3U 系列 64 点基本单元型号

输入/输出点数			型号	输出形式（连接形状：端子排）	CE		UL cUL	船级社
合计点数	输入点数	输出点数			EMC	LVD		
AC 电源/DC 24 V 漏型·源型输入通用型								
64	32	32	FX3U-64MR/ES（-A）	继电器	○	○	○	*
64	32	32	FX3U-64MT/ES（-A）	晶体管（漏型）	○	○	○	*
64	32	32	FX3U-64MT/ESS	晶体管（源型）	○	○	○	*
64	32	32	FX3U-64MS/ES	晶闸管	○	○	○	*

2. FX₃ᵤ 系列 PLC 简介

FX₃ᵤ 系列 PLC 的外形结构如图 2-19 所示。

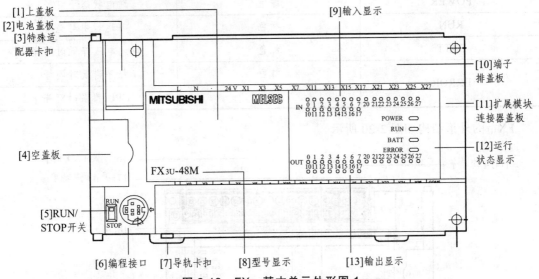

图 2-19 FX₃ᵤ 基本单元外形图 1

现对各部分说明如下：

[1] 上盖板：存储器盒安装在这个盖板的下方。使用 FX₃ᵤ-7DM（显示模块）时，将这个盖板换成 FX₃ᵤ-7DM 附带的盖板。

[2] 电池盖板：电池（标配）保存在这个盖板的下方。更换电池时需要打开这个盖板。

[3] 连接特殊适配器用的卡扣（2 处）：连接特殊适配器时，使用这个卡扣进行固定。

[4] 功能扩展部分的空盖板：拆下这个空盖板，安装功能扩展板。

[5] RUN/STOP 开关：写入（成批）顺控程序以及停止运算时，置于 STOP（开关拨动到下方）。执行运算处理（机械运行）时，置于 RUN（开关拨动到上方）。

[6] 连接外围设备用的连接口：用于连接编程工具，执行顺控程序。

[7] 安装 DIN 导轨用的卡扣：可以在 DIN46277（宽度为 35 mm）的 DIN 导轨上安装基本单元。

[8] 型号显示（简称）：显示基本单元的型号名称。

[9] 显示输入用的 LED（红）：输入（X000～）接通时灯亮。

[10] 端子排盖板：接线时，可以将这个盖板打开到 90° 后再进行操作。运行（通电）时，请关上这个盖板。

[11] 连接扩展设备用的连接器盖板：将输入/输出扩展单元/模块以及特殊功能单元/模块的扩展电缆连接到这个盖板下面的连接扩展设备用的连接口上。可连接 FX₃ᵤ 系列扩展设备、FX₂ₙ 系列扩展设备、FX₀ₙ 系列扩展设备。

[12] 显示运行状态的 LED：通过 LED 的显示情况确认可编程控制器的运行状态。运行状态 LED 指示如表 2-2 所示。

表 2-2　运行状态 LED 指示

LED 名称	显示颜色	内容
POWER	绿色	通电状态下灯亮
RUN	绿色	运行中灯亮
BATT	红色	电池电压降低时灯亮
ERROR	红色	程序错误时闪烁
	红色	CPU 错误时灯亮

FX$_{3U}$ 的外形结构如图 2-20 所示。

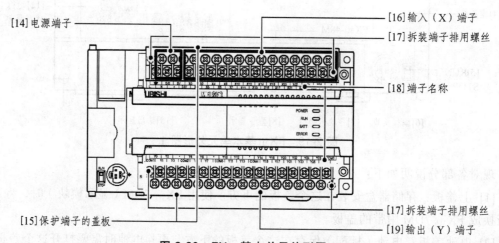

图 2-20　FX$_{3U}$ 基本单元外形图 2

[14] 电源端子：用于对给基本单元供电的电源进行接线。

[15] 保护端子的盖板：在端子排的下层，安装有保护端子的盖板，这样手指不容易误碰到端子，提高了安全性。

[16] 输入（X）端子：在端子上对传感器及开关进行接线。

[17] 拆装端子排用螺丝：需要更换基本单元时，松开这个螺丝（左右各少许）后，端子排上方会脱开。

[18] 端子名称：记载了电源、输入、输出端子的信号名称。

[19] 输出（Y）端子：在端子上对要驱动的负载（接触器，电磁阀等）进行接线。

PLC 安装在环境温度为 0 ~ 55 ℃、相对湿度为 5% ~ 95%、无粉尘和油烟、无导电性粉尘、无腐蚀性及可燃性气体的场所中。产品安装时，可使用 DIN 导轨，或者安装螺丝固定方式。

3. 接线方式

下面以 FX$_{3U}$ 基本单元电源和输入信号的连接为例说明 PLC 的接线方式。

FX$_{3U}$ 漏型输入接线方式如图 2-21 所示，接线说明如下：

（1）这里采用的是交流供电，AC 电源连接到（L）、（N）端子（AC 100 V 系列、AC 200 V 系列通用）。

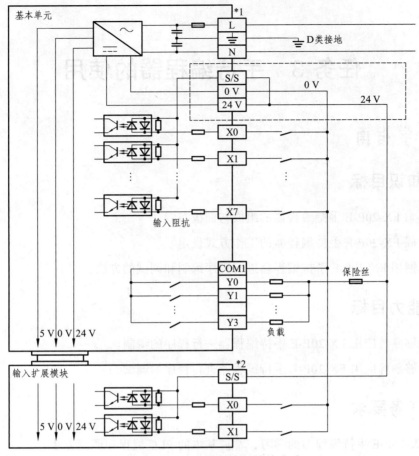

图 2-21 FX₃ᵤ漏型输入接线方式

（2）漏型输入时（S/S）端子连接到基本单元或输入/输出扩展单元的（24 V）端子。

（3）基本单元的 DC 24 V 供给电源可以作为负载电源使用。但需要注意的是，要从 DC 24 V 供给电源中扣除扩展设备的消耗电流，剩余的部分才可作为负载电源使用。如果负载用 DC 24 V 电源功率较大，需要增加直流电源，同时与基本单元的 DC 24 V 的 0V 端连接在一起。

思考与练习

1. 简述 PLC 的工作原理。

2. PLC 主要由哪几部分组成？各部分的作用是什么？

3. 什么是 PLC 的扫描周期？其长短与什么相关？

4. PLC 常见技术指标有哪些？

5. 源型和漏型信号输入连接方式的差异在哪里？

6. PLC 编程语言有哪几种？每种语言的特点是什么？

7. 中小型 PLC 常用的编程语言有哪些？举例说明。

8. 简述晶体管、晶闸管、继电器输出方式有何不同。

任务 3 手持编程器的使用

3.1 教学指南

3.1.1 知识目标

（1）熟悉 FX-20P-E 手持编程器的组成与面板布置。

（2）掌握 FX-20P-E 手持编程器的工作方式设定。

（3）掌握用 FX-20P-E 手持编程器进行程序编制和调试的方法。

3.1.2 能力目标

（1）能够熟练应用 FX-20P-E 手持编程器进行程序的编制。

（2）能够熟练应用 FX-20P-E 手持编程器进行程序的调试。

3.1.3 任务要求

通过 FX-20P-E 手持编程器的学习，掌握基本的 PLC 编程和调试方法。

3.1.4 相关知识点

（1）FX-20P-E 手持编程器的组成与面板布置。

（2）FX-20P-E 手持编程器的工作方式。

（3）用手持编程器进行指令读出、写入、插入、删除的方法。

（4）用手持编程器进行程序监视和调试的方法。

（5）用手持编程器进行脱机编程的方法。

3.1.5 教学实施方法

（1）项目教学法。

（2）行动导向法。

3.2 任务引入

PLC 按照用户的控制要求运行是通过用户的应用程序实现的。FX 系列 PLC 应用程序的编制方式分为两种：一种方式是通过手持编程器进行编程和调试，另一种方式是通过计算机进行编程和调试。计算机编程是通过厂家提供的编程软件进行的。手持编程器俗称 HPP，是早期 PLC 重要的外围设备，它一般通过指令表，把用户程序送到 PLC 的用户程序存储器中去，即写入程序。此外，手持编程器还具有对 PLC 中的程序进行读出、插入、删除、修改、检查、监控方面的功能。手持编程器具有体积小、质量轻、价格低等特点，广泛用于小型 PLC 的用户程序编制、现场调试和监控。

3.3 相关知识点

3.3.1 FX-20P-E 手持编程器

FX 系列 PLC 使用的编程器有 FX-10P-E 和 FX-20P-E 两种，这两种编程器的使用方法基本相同。所不同的是 FX-10P-E 的液晶显示屏只有 2 行，而 FX-20P-E 的液晶显示屏有 4 行，每行 16 个字符。另外，FX-10P-E 只有在线编程功能，而 FX-20P-E 除了具有在线编程功能外，还有离线编程功能。FX 系列 PLC 常用的手持编程器是 FX-20P-E，该手持编程器的组成与面板布置如图 3-1 所示。

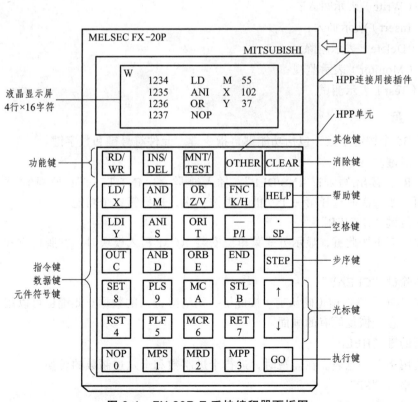

图 3-1 FX-20P-E 手持编程器面板图

FX-20P-E 手持编程器主要用于 FX 系列 PLC，由液晶显示屏、ROM 写入器接口、存储器卡盒接口及由功能键、指令键、元件符号键和数字键等组成的键盘组成。FX-20P-E 手持编程器也可以通过转换器 FX-20P-E-FKIT 连接应用于 F1、F2 系列 PLC。

1. 液晶显示屏

FX-20P-E 手持编程器的液晶显示屏能同时显示 4 行，每行 16 个字符。在编程操作时，显示屏上显示的内容如图 3-2 所示。

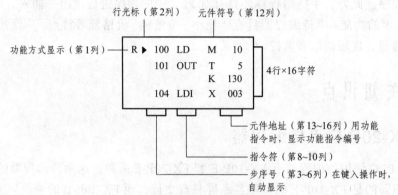

图 3-2　液晶显示屏

液晶显示屏左上角的黑三角提示符是功能方式说明，含义如下：
- ➤ R（Read）表示读出；
- ➤ W（Write）表示写入；
- ➤ I（Insert）表示插入；
- ➤ D（Delete）表示删除；
- ➤ M（Monitor）表示监视；
- ➤ T（Test）表示测试。

2. 键　盘

键盘由 35 个按键组成，包括功能键、指令键、元件符号键和数字键。

（1）功能键。

"RD/WR"：读出/写入；"INS/DEL"：插入/删除；"MNT/TEST"：监视/测试。各功能键交替起作用，按一次时选择第一个功能；再按一次，选择第二个功能。

（2）其他键"OTHER"。

在任何状态下按此键，显示方式菜单。安装 ROM 写入模块时，在脱机方式菜单上进行项目选择。

（3）清除键"CLEAR"。

如在按"GO"键之前（确认前）按此键，则清除键入的数据。此键也可以用于清除显示屏上的出错信息或恢复原有的画面。

（4）帮助键"HELP"。

显示应用指令一览表。在监视时，进行十进制数和十六进制数的转换。

（5）空格键"SP"。

在输入时，用此键指定元件号和常数。

（6）步序键"STEP"。

用此键设定步序号。

（7）光标键"↑"、"↓"。

用此键移动光标和提示符，指定当前元件的前一个或后一个元件，逐行滚动。

（8）执行键"GO"。

此键用于指令的确认、执行，显示后面的画面（滚动）和再搜索。

（9）指令、元件符号和数字键。

这些键都是复用键，每个键的上部为指令，下部为元件符号或数字。上、下部的功能是根据当前所执行的操作自动进行切换，其中下部的元件符号"Z/V"、"K/H"和"P/I"交替起作用。

3.3.2 FX-20P-E 的工作方式选择

FX-20P-E 手持编程器具有在线（online 或称联机）编程和离线（offline 或称脱机）编程两种编程方式。在线编程时编程器与 PLC 直接相连，编程器直接对 PLC 用户程序存储器进行读写操作。若 PLC 内装有 EEPROM 卡盒，程序写入该卡盒；若没有 EEPROM 卡盒，程序写入 PLC 内的 RAM 中。在离线编程时，编制的程序首先写入编程器内的 RAM 中，以后再成批传入 PLC 的存储器中。

FX-20P-E 手持编程器上电后，其液晶显示屏上显示的内容如图 3-3 所示。

其中闪烁的符号"■"指明编程器目前所处的工作方式。用"↑"或"↓"键将"■"移动到选中的方式上，然后按"GO"键，就进入所选定的编程方式。

```
PROGRAM     MODE
■ ONLINE    (PC)
  OFFLINE   (HPP)
```

图 3-3 工作方式选择

在联机方式下，用户可用编程器直接对 PLC 的用户程序存储器进行读/写操作。在执行写操作时，若 PLC 内没有安装 EEPROM 存储器卡盒，程序写入 PLC 的 RAM 存储器内；反之则写入 EEPROM 中，此时，EEPROM 存储器的写保护开关必须处于"OFF"位置。只有用 FX-20P-RWM 型 ROM 写入器才能将用户程序写入 EPROM。按"OTHER"键，进入工作方式选择的操作。此时，液晶显示屏显示的内容如图 3-4 所示。

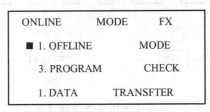

```
ONLINE        MODE      FX
■ 1. OFFLINE        MODE
  3. PROGRAM        CHECK
  1. DATA        TRANSFTER
```

图 3-4 液晶显示屏显示内容

闪烁的符号"■"表示编程器所选择的工作方式，按"↑"或"↓"键，将"■"上移或下移到所需的位置，再按"GO"键，就进入选定的工作方式。在联机编程方式下，可供选择的工作方式共有 7 种，分别是：

（1）OFFLINE MODE（脱机方式）：进入脱机编程方式。

（2）PROGRAM CHECK：程序检查，若无错误，显示"NO ERROR"；若有错误，显示出错误指令的步序号及出错代码。

（3）DATA TRANSFER：数据传送，若 PLC 内安装有存储器卡盒，在 PLC 的 RAM 和外装的存储器之间进行程序和参数的传送；反之则显示"NO MEM CASSETTE"（没有存储器卡盒），不进行传送。

（4）PARAMETER：对 PLC 的用户程序存储器容量进行设置，还可以对各种具有断电保持功能的编程元件的范围以及文件寄存器的数量进行设置。

（5）XYM..NO.CONV.：修改 X、Y、M 的元件号。

（6）BUZZER LEVEL：蜂鸣器的音量调节。

（7）LATCH CLEAR：复位有断电保持功能的编程元件。对文件寄存器的复位与它使用的存储器类别有关，只能对 RAM 和写保护开关处于 OFF 位置的 EEPROM 中的文件寄存器复位。

在写入程序之前，一般需要将存储器中的原有内容全部清除，具体操作如图 3-5 所示。

图 3-5 清零操作顺序

3.3.3 FX-20P-E 指令的读出

从 PLC 的内存中读出程序，可以分为根据步序号、指令、元件及指针读出等几种方式。在联机方式下，PLC 在运行状态时要读出指令，只能根据步序号读出；若 PLC 为停止状态，还可以根据指令、元件以及指针读出。在脱机方式下，无论 PLC 处于何种状态，四种读出方式均可。

1. 根据步序号读出

其基本操作如图 3-6 所示，先按"RD/WR"键，使编程器处于 R（读）工作方式，如果需读出步序号为 100 的指令，按图 3-6 所示顺序操作，该步指令就显示在屏幕上。

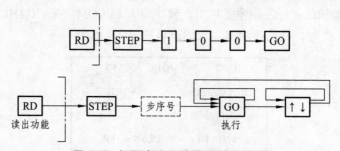

图 3-6 根据步序号读出的基本操作

若还需要显示该指令之前或之后的其他命令，可以按"↑""↓"或"GO"键。按"↑""↓"键可显示上一条或下一条指令，按"GO"键可以显示下面四条指令。

2. 根据指令读出

其基本操作如图 3-7 所示，先按"RD/WR"键，使编程器处于 R（读）工作方式，然后根据图 3-7 所示的操作步骤依次按相应的键，该指令就显示在屏幕上。

例如：指定指令 LD X0，从 PLC 中读出该指令。按"RD/WR"键，使编程器处于 R（读）工作方式，然后按图 3-7 所示步骤操作。

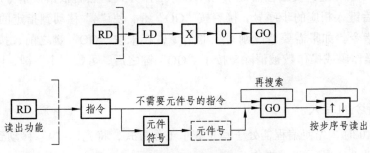

图 3-7　根据指令读出的基本操作

按"GO"键后屏幕上显示出指定的指令和步序号。再按"GO"键，屏幕上显示下一条相同指令及步序号。如果用户程序中没有该指令，在屏幕的最后一行显示"NOT FOUND"。按"↑"或"↓"键可读出上一条或下一条指令。按"CLEAR"键，屏幕上显示原来的内容。

3. 根据元件读出

先按"RD/WR"键，使编程器处于 R（读）工作方式。在 R（读）工作方式下读出含有 X0 指令的基本操作如图 3-8 所示。

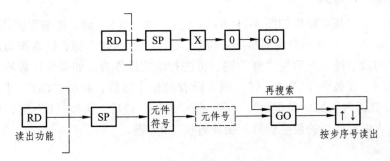

图 3-8　根据元件读出的基本操作

4. 根据指针读出

在 R（读）工作方式下读出 10 号指针的基本操作如图 3-9 所示。

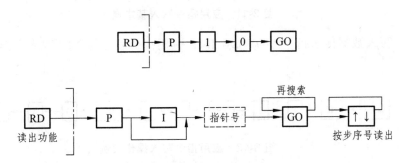

图 3-9　根据指针读出的基本操作

屏幕上将显示指针 P10 及其步序号。读出中断程序用的指针时，应连续按两次"P/I"键。

3.3.4　FX-20P-E 指令的写入

先按 "RD/WR" 键，使编程器处于写（W）工作方式，然后根据该指令所在的步序号，按 "STEP" 键后键入相应的步序号，接着按 "GO" 键，使 "4" 移动到指定的步序号，此时，可以开始写入指令。如果需要修改刚写入的指令，在未按 "GO" 键之前，按下 "CLEAR" 键，刚键入的操作码或操作数被清除。按了 "GO" 键之后，可按 "↑" 键，回到刚写入的指令，再做修改。

1. 基本指令的写入

写入 LD X0 时，先使编程器处于写（W）工作方式，将光标 "4" 移动到指定的步序号位置，然后按图 3-10 所示步骤操作。

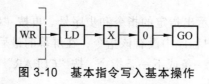

图 3-10　基本指令写入基本操作

写入 LDP、ANP、ORP 指令时，在按指令键后还要按 "P/I" 键。写入 LDF、ANF、ORF 指令时，在按指令键后还要按 "F" 键。写入 INV 指令时，按 "NOP""P/I" 和 "GO" 键。

2. 应用指令的写入

写入应用指令的基本操作如图 3-11 所示：先按 "RD/WR" 键，使编程器处于写（W）工作方式，将光标 "4" 移动到指定的步序号位置，然后按 "FNC" 键，接着按与该应用指令的指令代码对应的数字键，然后按 "SP" 键，再按相应的操作数。如果操作数不止一个，每次键入操作数之前，先按一下 "SP" 键，键入所有的操作数后，再按 "GO" 键，该指令就被写入 PLC 的存储器内。如果操作数为双字，按 "FNC" 键后，再按 "D" 键；如果是脉冲执行方式，在键入编程代码的数字键后，接着再按 "P" 键。

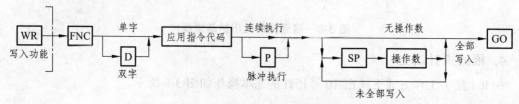

图 3-11　应用指令写入基本操作

例如：写入数据传送指令 MOV D0 D4，应用指令编号为 12，写入操作步骤如图 3-12 所示。

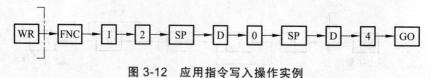

图 3-12　应用指令写入操作实例

3. 指针的写入

写入指针的基本操作如图 3-13 所示。如写入中断用的指针，应连续按两次 "P/I" 键。

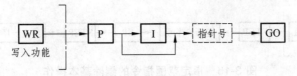

图 3-13　指针写入基本操作

4. 指令的修改

在指定的步序上改写指令，例如在 100 步上写入指令 OUT T50 K123。根据步序号读出原指令后，按"RD/WR"键，使编程器处于写（W）工作方式，然后按图 3-14 所示操作步骤按键。

图 3-14　指令修改操作实例

如果要修改应用指令中的操作数，读出该指令后，将光标"4"移到欲修改的操作数所在的行，然后修改该行的参数。

3.3.5　FX-20P-E 指令的插入

如果需要在某条指令之前插入一条指令，按照前述指令读出的方法，先将某条指令显示在屏幕上，令光标"4"指向该指令。然后按"INS/DEL"键，使编程器处于 I（插入）工作方式，再按照指令写入的方法，将该指令写入，按"GO"键后写入的指令插在原指令之前，后面的指令依次向后推移。例如：在 200 步之前插入指令 AND M5，在 I（插入）工作方式下首先读出 200 步的指令，然后按图 3-15 操作步骤按键。

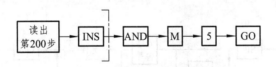

图 3-15　指令的插入操作实例

3.3.6　FX-20P-E 指令的删除

1. 逐条指令删除

如果需要将某条指令或某个指针删除，按照指令读出的方法，先将该指令或指针显示在屏幕上，令光标"4"指向该指令。然后按"INS/DEL"键，使编程器处于 D（删除）工作方式，再按"GO"键，该指令或指针即被删除。

2. 指定范围指令删除

按"INS/DEL"键，使编程器处于 D（删除）工作方式，然后按图 3-16 所示操作步骤按键，该范围内的指令即被删除。

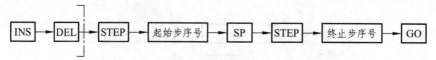

图 3-16   指定范围指令的删除基本操作

3. NOP 指令的成批删除

按"INS/DEL"键，使编程器处于 D（删除）工作方式，依次按"NOP"和"GO"键，执行完毕后，用户程序中的 NOP 指令被全部删除。

3.3.7   FX-20P-E 对程序的监视

监视功能是通过编程器的显示屏监视和确认在联机工作方式下 PLC 的动作和控制状态。它包括元件的监视、通/断检查和动作状态的监视等内容。具体的监视内容有：对位元件的监视、监视 16 位字元件（D、Z、V）内的数据、监视 32 位字元件（D、Z、V）内的数据指令的修改、对定时器和 16 位计数器的监视、对 32 位计数器的监视、通/断检查、状态继电器的监视。

1. 对位元件的监视

其基本操作如图 3-17 所示。由于 FX_{2N}、$FX_{2N}C$ 有 16 个变址寄存器 Z0 ~ Z7 和 V0 ~ V7，因此如果采用 FX_{2N}、$FX_{2N}C$ 系列 PLC 应给出变址寄存器的元件号。以监视辅助继电器 M153 的状态为例，先按"MNT/TEST"键，使编程器处于 M（监视）工作方式，然后按图 3-17 所示步骤按键。

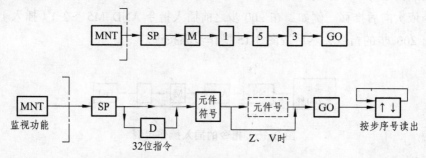

图 3-17   位元件监视的基本操作

完成上述操作后，屏幕上就会出现 M153 的状态，如图 3-18 所示。如果在编程元件的左侧有字符"■"，表示该编程元件处于 ON 状态，否则表示它处于 OFF 状态，最多可以监视 8 个元件。按"↑"或"↓"键，可以监视前面或后面元件的状态。

M ■M	153	Y	10
S1	1	■X	3
X	4	S	5
▶X	6	X	7

图 3-18   位编程元件的监视

2. 监视 16 位字元件（D、Z、V）内的数据

以监视数据寄存器 D0 内的数据为例，首先按"MNT/TEST"键，使编程器处于 M（监视）工作方式，然后按图 3-19 所示操作步骤按键。

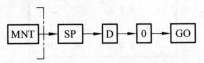

图 3-19　16 位字元件监视的基本操作

完成上述操作后，屏幕上就会显示出数据寄存器 D0 内的数据。再按功能键"↓"，依次显示 D1、D2、D3 内的数据。此时显示的数据均以十进制数表示。若要以十六进制数表示，可按功能键"HELP"。重复按功能键"HELP"，显示的数据在十进制数和十六进制数之间切换。

3. 监视 32 位字元件（D、Z、V）内的数据

以监视数据寄存器 D0 和 D1 组成的 32 位数据寄存器内的数据为例，首先按"MNT/TEST"键，使编程器处于 M（监视）工作方式，然后按图 3-20 所示操作步骤按键。

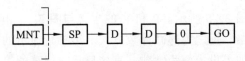

图 3-20　32 位字元件监视的基本操作

完成上述操作后，屏幕上就会显示出由 D0 和 D1 组成的 32 位数据寄存器内的数据，如图 3-21 所示。若要以十六进制数表示，可用功能键"HELP"来切换。

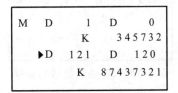

图 3-21　32 位字编程元件的监视

4. 对定时器和 16 位计数器的监视

以监视计数器 C99 的运行情况为例，首先按"MNT/TEST"键，使编程器处于 M（监视）工作方式，然后按图 3-22 所示操作步骤按键。

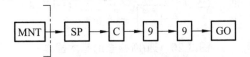

图 3-22　16 位计数器监视的基本操作

完成上述操作后，屏幕上显示的内容如图 3-23 所示。图中显示的数据 K20 是 C99 的当前计数值，第四行末尾显示的数据 K100 是 C99 的设定值。第四行中的字母 P 表示 C99 输出触点的状态，当其右侧显示"■"时，表示其常开触点闭合，反之则表示常开触点断开。第四行的字母 R 表示 C99 复位电路的状态，当其右侧显示"■"时，表示其复位电路闭合，复

位位为 ON 状态，反之则表示其复位电路断开，复位位为 OFF 状态。非积算定时器没有复位输入，图 3-23 中 T100 的"R"未用。

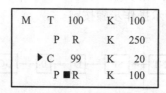

图 3-23 定时器/计数器的监视

5. 对 32 位计数器的监视

以监视 32 位计数器 C200 的运行情况为例，首先按"MNT/TEST"键，使编程器处于 M（监视）工作方式，然后按图 3-24 所示操作步骤按键。

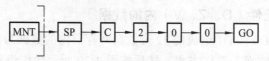

图 3-24 32 位计数器监视的基本操作

屏幕上显示的内容如图 3-25 所示。P 和 R 的含义与图 3-23 相同，U 的右侧显示"■"时，表示其计数方式为递增，反之为递减计数方式。第二行显示的数据为当前计数值，第三行和第四行显示设定值，如果设定值为常数，直接显示在屏幕的第三行上；如果设定值存放在某数据寄存器内，第三行显示该数据寄存器的元件号，第四行才显示其设定值。按功能键"HELP"，显示的数据在十进制数和十六进制数之间切换。

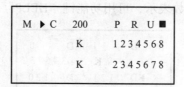

图 3-25 32 位计数器的监视

6. 通/断检查

在监视状态下，根据步序号或指令读出程序，可监视指令中元件触点通/断及线圈动作状态。其基本操作如图 3-26 所示。

图 3-26 通/断检查的基本操作

例如，读出第 126 步，在 M（监视）工作方式下，做通/断检查，可按图 3-27 所示操作步骤按键。

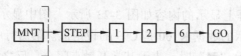

图 3-27 通/断检查的操作实例

完成上述操作后,屏幕上显示的内容如图 3-28 所示,读出以指定步序号为首的 4 行指令,根据各行是否显示"■",可以判断触点和线圈的状态。若元件符号左侧显示"■",表示该行指令对应的触点接通,对应的线圈"通电";若元件符号左侧显示空格,表示该行指令对应的触点断开,对应的线圈"断电"。但是对于定时器和计数器来说,若 OUT T 或 OUT C 指令所在的行显示"■",仅表示定时器或计数器分别处于定时或计数工作状态,其线圈"通电",并不表示其输出常开触点接通。

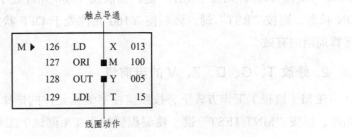

图 3-28　通断检查

7. 状态继电器的监视

用指令或编程元件的测试功能使 M8047(STL 监视有效)为 ON,首先按"MNT/TEST"键,使编程器处于 M(监视)工作方式,再按"STL"键和"GO"键,可以监视最多 8 点为 ON 的状态继电器(S),它们按元件号从大到小的顺序排列。

3.3.8　FX-20P-E 对程序的测试

测试功能是由编程器对 PLC 位元件的触点和线圈进行强制 ON/OFF 以及常数的修改,包括位编程元件强制 ON/OFF,修改 T、C、D、Z、V 的当前值,修改 T、C 设定值,文件寄存器的写入等内容。

1. 位编程元件强制 ON/OFF

位编程元件强制 ON/OFF 的操作如图 3-29 所示,先进行元件的监视,然后进入测试功能。

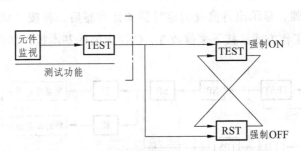

图 3-29　位编程元件强制 ON/OFF 的基本操作

例如,对 Y100 进行强制 ON/OFF 操作的键操作如图 3-30 所示。

图 3-30　Y100 强制 ON/OFF 键操作

首先利用监视功能对 Y100 元件进行监视。按 "TEST"（测试）键，若此时被监控元件 Y100 为 OFF 状态，则按 "SET" 键，强制使 Y100 元件处于 ON 状态；若此时 Y100 元件为 ON 状态，则按 "RST" 键，强制使 Y100 元件处于 OFF 状态。强制 ON/OFF 操作只在一个运算周期内有效。

2. 修改 T、C、D、Z、V 的当前值

在 M（监视）工作方式下，按照监视字编程元件的操作步骤，显示出需要修改的字编程元件，再按 "MNT/TEST" 键，使编程器处于 T（测试）工作方式，接下来修改 T、C、D、Z、V 的当前值的基本操作如 3-31 所示。

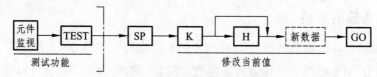

图 3-31　修改字元件数据的基本操作

将定时器 T5 的当前值修改为 K20 的操作如图 3-32 所示。

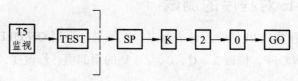

图 3-32　修改 T5 当前值的操作

常数 K 为十进制数设定，H 为十六进制数设定，输入十六进制数时连续按两次 "K/H" 键。

3. 修改 T、C 设定值

首先按 "MNT/TEST" 键，使编程器处于 M（监视）工作方式，然后按照前述监视定时器和计数器的操作步骤，显示出待监视的定时器和计数器后，再按 "MNT/TEST" 键，使编程器处于 T（测试）工作方式，接下来修改 T、C 设定值的基本操作如图 3-33 所示。

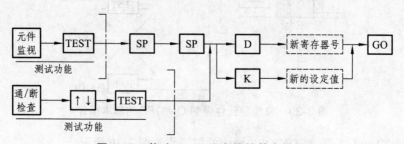

图 3-33　修改 T、C 设定值的基本操作

第一次按"SP"键后,提示符"4"出现在当前值前面,这时可以修改其当前值;第二次按"SP"后,提示符"4"出现在设定值前面,这时可以修改其设定值;键入新的设定值后按"GO"键,设定值修改完毕。将 T7 存放设定值的数据寄存器的元件号修改为 D22 的键操作如图 3-34 所示。

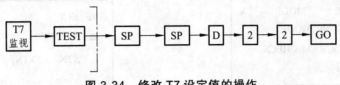

图 3-34　修改 T7 设定值的操作

另一种修改方法是先对 OUT T7 指令做通/断检查,然后按功能键"↓"使"4"指向设定值所在行,再按"MNT/TEST"键,使编程器处于 T(测试)工作方式,键入新的设定值,最后按"GO"键,便完成了设定值的修改。将 100 步的 OUT T5 指令的设定值修改为 K25 的键操作如图 3-35 所示。

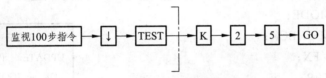

图 3-35　修改 T5 设定值的操作

3.4　知识拓展

FX-20P-E 手持编程器还具有脱机(OFFLINE)编程、程序传送、MODULE 功能。

1. 脱机编程

在脱机方式下编制的程序存放在手持编程器内部的 RAM 中,在联机方式下编制的程序存放在 PLC 内的 RAM 中,编程器内部 RAM 中的程序不变。编程器内部 RAM 中写入的程序可成批地传送到 PLC 内部 RAM 中,也可成批传送到装在 PLC 上的存储器卡盒中。往 ROM 写入器的传送在脱机方式下进行。

手持编程器内 RAM 的程序用超级电容器作断电保护,充电 1 h,可保持 3 天以上。因此,可将在实验室里脱机生成的装在编程器 RAM 内的程序,传送给安装在现场的 PLC。

有两种方法可以进入脱机编程方式:

(1)FX-20P-E 型手持编程器上电后,按"↓"键,将闪烁的符号"■"移动到 OFFLINE 位置上,然后按"GO"键,就进入脱机编程方式。

(2)FX-20P-E 型手持编程器处于联机编程方式时,按功能键"OTHER",进入工作方式选择,此时,闪烁的符号"■"处于 OFFLINE MODE 位置上,接着按"GO"键,就进入脱机编程方式。

FX-20P-E 型手持编程器处于脱机编程方式时,所编制的用户程序存入编程器内的 RAM 中,与 PLC 内部的用户程序存储器以及 PLC 的运行方式都没有关系。除了联机编程方式中的 M 和 T 两种工作方式不能使用外，其余的工作方式（R、W、I、D）及操作步骤均适用于脱机编程。按"OTHER"键后，即进入工作方式选择操作。此时，液晶屏幕显示的内容如图3-36 所示。

在脱机编程方式中，可用光标键选择 PLC 的型号，如图3-37 所示。

```
OFFLINE    MODE    FX
■ 1. ONLINE  MODE
  2. PROGRAM  CHECK
  3. HPP < - > FX
```

图 3-36　屏幕显示

```
SELECT    PC    TYPE
■ FX,    FX0
  FX2N,   FX1N,   FX1S
```

图 3-37　屏幕显示

FX_{2N}、FX_{2NC}、FX_{1N} 和 FX_{1S} 之外的其他系列 PLC 应选择 "FX，FX0"，选择后按 "GO" 键，出现如图3-38 所示的确认画面。如果使用的 PLC 的型号有变化，按 "GO" 键。要复位参数或返回起始状态时按 "CLEAR" 键。

在脱机编程方式下，可供选择的工作方式共有七种，它们依次是：

（1）ONLINE MODE；

（2）PROGRAM CHECK；

（3）HPP < – > FX；

（4）PARAMETER；

（5）XYM .NO. CONV.；

（6）BUZZER LEVEL；

（7）MODULE。

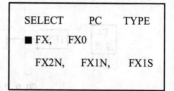

```
PC    TYPE    CHANGED
UPDATE    PARAMS?
OK  →  [GO]
NO  →  [CLEAR]
```

图 3-38　屏幕显示

选择 ONLINE MODE 时，编程器进入联机编程方式。PROGRAM CHECK、PARAMETER、XYM .NO. CONV.和 BUZZER LEVEL 的操作与联机编程方式下的相同。

2．程序传送

选择 HPP < – > FX 时，若 PLC 内没有安装存储器卡盒，屏幕显示的内容如图3-39 所示。按功能键 "↑" 或 "↓" 将 "■" 移到需要的位置上，再按功能键 "GO"，就执行相应的操作。其中，"→"表示将编程器的 RAM 中的用户程序传送到 PLC 内的用户程序存储器中，这时，PLC 必须处于 STOP 状态。"←"表示将 PLC 内存储器中的用户程序读入编程器内的 RAM 中，":"表示将编程器内 RAM 中的用户程序与 PLC 的存储器中的用户程序进行比较。PLC 处于 STOP 或 RUN 状态都可以进行后两种操作。

若 PLC 内安装了 RAM、EEPROM 或 EPROM 扩展存储器卡盒，屏幕显示的内容如图3-40 所示，图中的 ROM 分别为 RAM、EEPROM 和 EPROM，且不能将编程器内 RAM 中的用户程序送到 PLC 内的 EPROM 中去。

```
3. HPP < - > FX
■ HPP→RAM
  HPP←RAM
  HPP：RAM
```

图 3-39　屏幕显示

```
[ROM    WRITE]
■ HPP→ROM
  HPP←ROM
  HPP：ROM
```

图 3-40　屏幕显示

3. MODULE 功能

MODULE 功能用于 EEPROM 和 EPROM 的写入，先将 FX-20P-RWM 型 ROM 写入器插在编程器上，开机后进入 OFFLINE 方式，选中 MODULE 功能，按功能键"GO"后屏幕显示的内容如图 3-41 所示。

在 MODULE 方式下，共有四种工作方式可供选择：

（1）HPP→ROM。

将编程器内 RAM 中的用户程序写入插在 ROM 写入器上的 EPROM 或 EEPROM 内。写操作之前必须先将 EPROM 中的内容全部擦除或先将 EEPROM 的写保护开关置于 OFF 位置。

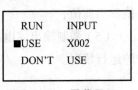

图 3-41　屏幕显示

（2）HPP←ROM。

将 EPROM 或 EEPROM 中的用户程序读入编程器内的 RAM。

（3）HPP：ROM。

将编程器内的 RAM 中的用户程序与插在 ROM 写入器上的 EPROM 或 EEPROM 内的用户程序进行比较。

（4）ERASE CHECK。

用来确认存储器卡盒中的 EPROM 是否已被擦干净。如果 EPROM 中还有数据，将显示"ERASE ERROR"（擦除错误）。如果存储器卡盒中是 EEPROM，将显示"ROM MISCONNECTED"（ROM 连接错误）。使用图 3-41 所示的画面，可将 X0~X17 中的一个输入点设置为外部的 RUN 开关，选择"DON'T USE"可取消此功能。

思考与练习

1. FX-20P-E 手持编程器的工作方式有哪几种？

2. 简述手持编程器进行指令读出、写入、插入、删除操作的步骤。

3. 在联机方式下，输入下列指令：

```
LD      X0
OR      M0
OUT     M0
ANI     T2
OUT     T1 K10
OUT     T2 K20
LD      M0
ANI     T0
OUT     Y0
END
```

（1）选择在线（ONLINE）编程的工作方式将指令写入 PLC，RUN 状态下启动按钮 X0，观察输出指示灯 Y0 的变化；

（2）插入 ANI X1（在 ANI T2 指令前），观察输出指示灯 Y0 的变化；

（3）删除 OR M0 指令，观察 PLC 的输出指示灯 Y0 的变化；

（4）RUN 状态下合上启动按钮 X0，监视各触点、线圈的 ON/OFF 状态，T1、T2 的设定值和当前值；

（5）强制输出继电器 Y0 的 ON/OFF，修改 T1、T2 的当前值分别为 K20、K40，观察 PLC 的运行情况。

任务 4 编程软件 GX-Works2 的应用

4.1 教学指南

4.1.1 知识目标

（1）掌握 GX-Works2 的主要功能。

（2）掌握 GX-Works2 的安装方法。

（3）掌握 GX-Works2 的编程和调试方法。

4.1.2 能力目标

（1）学会安装 GX-Works2。

（2）具有使用 GX-Works2 进行程序编制和调试的能力。

4.1.3 任务要求

通过对 GX-Works2 的学习，掌握三菱 PLC 软件编程和调试方法。

4.1.4 相关知识点

（1）GX-Works2 的下载方法。

（2）GX-Works2 的安装方法。

（3）GX-Works2 界面简介。

（4）用 GX-Works2 进行项目创建和调试的方法。

4.1.5 教学实施方法

（1）项目教学法。

（2）行动导向法。

4.2　任 务 引 入

三菱 FX 系列 PLC 的计算机编程软件有 GX Developer 和 GX Works 系列软件。GX Developer 是以传统的梯形图、指令表为基础的编程语言,同时具有 SFC 编程功能。GX Developer 目前常用的是 V8.34 和 V8.86 版本。GX Works2 是三菱电机继 GX Developer 之后开发的新一代 PLC 综合编程软件,支持 IEC 方式的编程,具有简单工程(Simple Project)和结构化工程(Structured Project)两种编程方式,支持梯形图、指令表、SFC、ST 及结构化梯形图等编程语言,可实现程序编辑、参数设定、网络设定、程序监控、调试及在线更改、智能功能模块(定位模块、温度模块、计数模块、串行通信模块等)设置等功能,适用于 Q、QnU、L、FX 等系列 PLC,兼容 GX Developer 软件。GX Works2 同时支持三菱电机工控产品综合管理软件 iQ Works,具有系统标签功能,可实现 PLC 数据与 HMI、运动控制器的数据共享。GX Works 系列软件有 GX Works2 和 GX Works3 系列软件,后面我们主要以 GX Works2 为软件平台进行介绍。

4.3　相 关 知 识 点

GX Works2 是基于 Windows 运行的,用于进行设计、调试、维护的编程工具。与传统的 GX Developer 相比,它增强了功能及操作性能,而且更加容易使用。GX Works2 的主要功能有:

1. 程序创建

通过简单工程可以与传统 GX Developer 一样进行编程,以及通过结构化工程进行结构化编程。

2. 参数设置

可以对 PLC CPU 的参数及网络参数进行设置。此外,也可对智能功能模块的参数进行设置。

3. 至 PLC CPU 的写入/读取功能

通过 PLC 读取/写入功能,可以将创建的顺控程序写入/读取到 PLC CPU 中。此外,通过 RUN 中写入功能,可以在 PLC CPU 处于运行状态下对顺控程序进行更改。PLC CPU 与计算机的连接示意图如图 4-1 所示。

图 4-1　PLC 与计算机连接示意图

4. 监视/调试

将创建的顺控程序写入到 PLC CPU 中,可对运行时的软元件值等进行离线/在线监视。

5. 诊 断

可以对 PLC CPU 的当前出错状态及故障履历等进行诊断。通过诊断功能，可以缩短恢复作业的时间。此外，通过系统监视[QCPU（Q 模式）/LCPU 的情况下]，可以了解智能功能模块等的相关详细信息。由此，可以缩短出错时所需的恢复作业时间。

4.3.1 GX Works2 的下载和安装方法

GX Works2 可在三菱公司官方网站（http: //cn.mitsubishielectric.com/）进行下载，下载前需要先进行注册，下载后需联系三菱公司客服取得授权号。下载的软件是压缩包，解压后生成 2 个文件夹：Disk1 和 Disk2。在 Disk1 中运行"setup.exe"，按照提示即可完成 GX Works2 的安装。安装结束后，将在桌面上建立一个和 GX Works2 软件相对应的图标，同时在桌面的"开始/程序"中建立了一个"MELSOFT 应用程序"到"GX Works2"的选项。

4.3.2 创建新工程

（1）点击桌面图标 ，或者选择"Start（开始）"→"All Programs（所有程序）"→"MELSOFT Application（MELSOFT 应用程序）"→"GX Works2"→"GX Works2"，打开三菱 GX Works2，如图 4-2 所示。

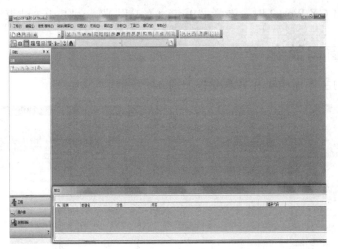

图 4-2　GX Work2 启动后的界面

（2）鼠标左键点击"工程"→"创建新工程"，或者按下快捷键"Ctrl + N"，或者单击桌面工具栏快捷图标 ，创建新工程，弹出如图 4-3 所示对话框。

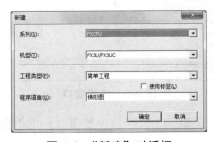

图 4-3　"新建"对话框

在弹出的对话框中选择 PLC 系列和机型，设置工程类型和编程语言。我们这里选择的是 FX3UPLC，工程类型为简单工程，程序语言采用的是梯形图编程语言。输入工程文件名，显示如图 4-4 所示界面，在该编程窗口进行编程。

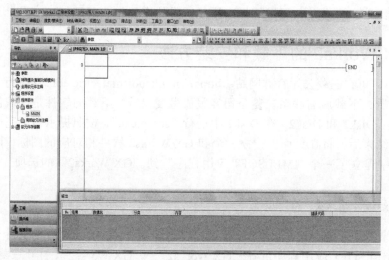

图 4-4　创建好的空白工程

编程结束退出 GX Work2 时，选择"Project（工程）"→"Exit（结束 GX Works2）"。

4.3.3　编程窗口简介

GX Works2 的主界面构成和基本操作如图 4-5 所示。

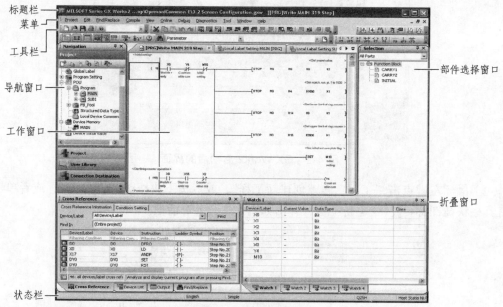

图 4-5　编程窗口

编程窗口主要由标题栏、菜单、工具栏、导航窗口、工作窗口、状态栏组成，各部分的功能如表 4-1 所示。

表 4-1　编程界面各部分的功能

名　称		功　能
标题栏		显示工程名等
菜单栏		显示执行各功能的菜单
工具栏		显示执行各功能的工具按钮
工作窗口		是进行编程、参数设置、监视等的主要界面
折叠窗口		是用于支持工作窗口中执行的作业的界面
	导航	工程的内容以树状格式显示
	部件选择	用于创建程序的部件（功能块等）以一览格式显示
	输出	显示编译及检查的结果（出错、警告等）
	交叉参照	显示交叉参照的结果
	软元件使用列表	显示软元件使用列表
	软元件分配确认	通过 CC-Link 的参数设置的刷新软元件和链接软元件的分配等内容会进行一览显示
		通过 AnyWireASLINK 的参数设置的刷新软元件和输入输出软元件的分配等内容会进行一览显示
	观察 1～4	是对软元件的当前值等进行监视及更改的画面
	智能功能模块监视 1～10	是监视智能功能模块的画面
	搜索/替换	是对工程中的字符串进行搜索/替换的画面
	调试	是对使用模拟功能的调试进行设置的画面
状态栏		显示编辑中的工程的相关信息

各部分的详细操作，请参见 GX Works2 操作手册。

4.3.4　打开工程

要对计算机硬盘中保存的工程进行读取，点击"Project（工程）"→"Open（打开）"，界面显示如图 4-6 和图 4-7 所示。

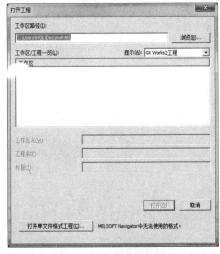

图 4-6　打开工作区格式的工程

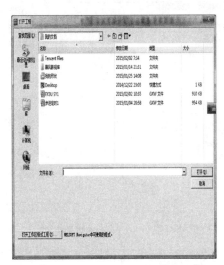

图 4-7　打开单文件格式的工程

图 4-6 和图 4-7 中各选项的含义如表 4-2 所示。

表 4-2   打开工程界面各选项的含义

项 目	含 义
工作区的位置 （Workspace Location）	对保存工作区的文件夹（驱动器/路径）进行输入。 • 点击 Browse...（浏览）后，可以在文件夹的浏览画面中直接选择文件夹
工作区/工程一览 （Workspace/Project List）	对工作区以及工程进行选择。 • 如果双击工作区，显示将被切换到工程一览
显示（Display）	对是只显示 GX Works2 工程或只显示 GX Developer 工程，还是显示全部文件夹进行选择； 选择了"显示全部文件夹"后，通过 Windows 的资源管理器等进行了复制/移动的工作区文件夹/工程文件夹都将被显示
工作区名（Workspace Name）	显示选择的工作区名
工程名（Project Name）	显示选择的工程名
标题（Title）	显示选择的工程的标题（索引）

对保存工作区的文件夹（驱动器/ 路径）进行输入，在文件夹的浏览画面中直接选择文件夹，再选择工程名，点击"打开"按钮，就打开了该工程文件。

4.3.5 保存工程

要将工程保存到计算机的硬盘中时，需要将当前打开的工程附加名称后另行保存。操作方法是依次单击"Project（工程）"→"Save as（另存为）"，画面显示如图 4-8 和图 4-9 所示。

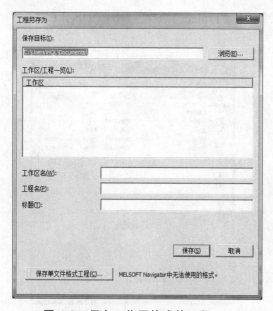

图 4-8 保存工作区格式的工程

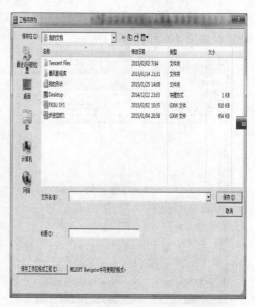

图 4-9 保存单文件格式的工程

对画面中的项目进行设置，然后点击"保存"按钮以设置的工作区名、工程名、标题保存到指定的文件夹中。将当前打开的工程附加名称后另行保存，操作方法是依次单击"Project（工程）"→"Save as（另存为）"。

保存工程界面各选项的含义如表 4-3 所示。

表 4-3　保存工程界面各选项含义

项　目	含　义
保存位置（Save Location）	对保存工作区的文件夹（驱动器/路径）进行输入。 ● 点击 Browse...（浏览）后，可以在文件夹的浏览画面中直接选择文件夹
工作区/工程一览 （Workspace/Project List）	对工作区进行选择。 ● 如果双击工作区，显示将被切换到工程一览
工作区名（Workspace Name）	对工作区名进行输入
工程名（Project Name）	对工程名进行输入
标题（Title）	对工程的标题进行输入
继承履历信息 （Include revisions）	对工程更改履历的信息进行继承及保存时勾选此项
继承安全信息 （Include security）	对安全的信息进行继承及保存时勾选此项

4.3.6　删除、关闭工程

1. 删除工程

将计算机硬盘中保存的工程删除，操作步骤为：选择"Project（工程）"→"Delete（删除工程）"，将显示工程删除画面，对要删除的工程进行选择，然后点击"删除"按钮，选择的工程将被删除。

2. 关闭工程

选择"Project（工程）"→"Close（关闭）"，就关闭了当前工程。

4.3.7　运行调试

电源端子的错误连接、DC 输入接线与电源线的混淆、输出接线的短路等情况都会严重损害设备。因此，上电之前请务必检查电源与接地的连接、输入输出等的接线是否正确。要连接或拆除与外围设备之间的通信电缆。编程口连接时，对准电缆和主机上的"对位置用标记"，如图 4-10 所示。

程序的写入和程序的检查内容如下：

1. PLC 的电源置 ON

确认 PLC 的 RUN/STOP 开关设置在 STOP 一侧后，请上电。

2. 执行程序检查

使用编程工具中的程序检查功能，对回路错误以及语法错误进行检查。

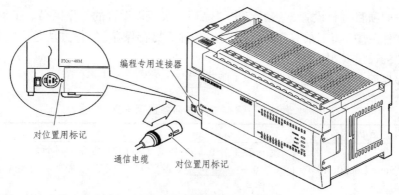

图 4-10　通信电缆连接

3. 执行顺控程序的传送

用编程工具，写入程序。

4. 使用存储器盒时

写入程序时，请将存储器盒的 PROTECT 开关设置在 OFF 一侧。

5. 核对顺控程序

核对程序是否被正确写入到存储器盒中。

6. 执行 PLC 诊断

使用编程工具中的 PLC 诊断功能，检查 PLC 主机的错误情况。

7. 自诊断功能

PLC 上电后，自诊断功能就会启动，硬件、参数、程序如无异常，就正常启动。如无异常，则根据 RUN 运行的指令变为运行（RUN）状态（「RUN」LED 灯亮）。检测出异常的情况下，「ERROR」LED 灯闪烁，或者灯亮。

8. 测试功能

在 PLC 的 RUN/STOP 状态下，针对通过编程工具更改 PLC 软元件的 ON/OFF 以及当前值/设定值的功能是否有效，就此进行说明。强制 ON/OFF 功能对于输入继电器（X）、输出继电器（Y）、辅助继电器（M）、状态（S）、定时器（T）、计数器（C）有效。当 PLC 处于 RUN 状态时，对于定时器（T）、计数器（C）、数据寄存器（D）、变址寄存器（Z、V）、扩展寄存器（R）的当前值清除以及 SET/RST 回路和自保持回路有实质性的效力（定时器的强制 ON 操作，只有在通过程序驱动定时器时才有效）。

4.4　知识拓展

4.4.1　标准 PLC 程序的创建步骤

1. 打开工程

启动 GX Works2，创建新的简单工程，或者打开已存在的简单工程。

2. 参数的设置

略。

3. 标签的设置

对全局和局部标签进行定义。

4. 程序的编辑

对各程序部件的程序进行编辑。

5. 变换/编译

进行梯形图变换和编译。

6. 与 PLC CPU 相连接

将计算机与 PLC CPU 相连接，对连接目标进行设置。

7. PLC 写入

将参数写入到 PLC CPU 中，将程序写入到 PLC CPU 中。

8. 动作的确认

对顺控程序的执行状态、软元件的内容进行监视并执行动作确认，对 PLC CPU 的出错发生状况进行确认。

9. 打 印

对程序、参数进行打印。

10. 工程的结束

对工程进行保存，关闭 GX Works2。

4.4.2 GX Works2 的特点

在 GX Works2 的工程类别中，可对简单工程和结构化工程进行选择。

1. 简单工程

使用三菱 PLC CPU 的指令，创建顺控程序。与 GX Developer 一样，支持不使用标签的编程和标签编程。简单工程类型如图 4-11 所示。

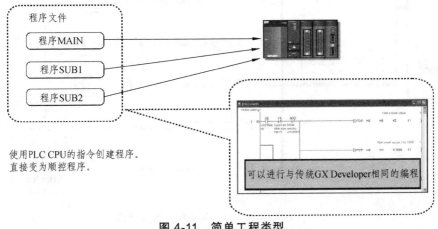

图 4-11 简单工程类型

2. 结构化工程

对于结构化工程，可以通过结构化编程创建程序。通过将控制细分化，将程序的公共部分执行部件化，可以实现易于阅读的、高引用性的编程（结构化编程）。结构化工程仅支持标签编程。结构化工程类型如图 4-12 所示。

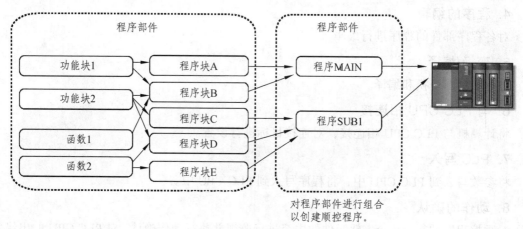

图 4-12　结构化工程类型

4.4.3　编程连接方式

三菱 FX 系列 PLC 与计算机的通信可以通过 USB、串行端口进行，如图 4-13 所示。

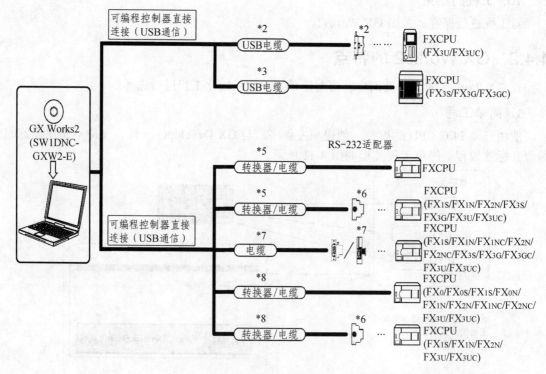

图 4-13　USB、串行端口通信连接方式

上图中*2~*8 对应不同规格的电缆，例如*2 和*8 对应 FX$_{3U}$ 编程电缆为 FX-USB-AW，同时与电缆配套的有 USB 驱动程序。*5 是通过 RS-232 与 RS-422 连接转换器/电缆。FX 系列串行端口通信方式如图 4-14 所示。

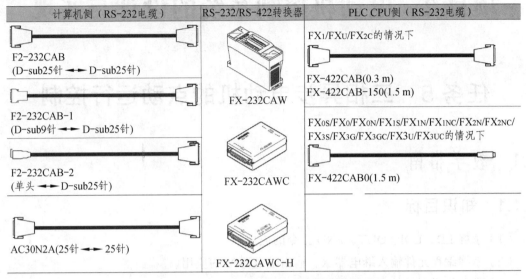

计算机侧（RS-232电缆）	RS-232/RS-422转换器	PLC CPU侧（RS-232电缆）
F2-232CAB (D-sub25针 ←→ D-sub25针)	FX-232CAW	FX1/FXU/FX2C的情况下 FX-422CAB(0.3 m) FX-422CAB-150(1.5 m)
F2-232CAB-1 (D-sub9针 ←→ D-sub25针)	FX-232CAWC	FX0S/FX0/FX0N/FX1S/FX1N/FX1NC/FX2N/FX2NC/ FX3S/FX3G/FX3GC/FX3U/FX3UC的情况下 FX-422CAB0(1.5 m)
F2-232CAB-2 (单头 ←→ D-sub25针)		
AC30N2A(25针 ←→ 25针)	FX-232CAWC-H	

图 4-14 FX 系列串行端口通信连接方式

编程计算机与 FX 系列 PLC 可以通过 USB 和串口进行连接。初次使用 USB 电缆时应安装随 FX-USB-AW 或 FX$_{3U}$-USB-BD 附赠的 CD-ROM 上的 USB 驱动程序。也可以通过 GX Works2 对串行 COM 端口号进行设置。通过 RS-232 与 RS-422 连接转换器/电缆进行连接。需要注意的是，从 RS-422 接口对外围设备、转换电缆、转换器进行插拔时，应将 PLC CPU 侧的电源置为 OFF 后再进行操作。无论是否接通电源，在作业前必须触摸接地带或进行了接地的金属等，释放掉电缆及人体等所附带的静电。

思考与练习

1. 简述 GX Works2 的下载和安装方法。
2. 简述 GX Works2 的特点。
3. 简述采用 GX Works2 进行项目创建的步骤。
4. 如何采用 GX Works2 进行项目仿真？
5. 如何采用 GX Works2 进行项目的下载和调试？

项目2 电动机控制系统的设计与实现

任务5 三相异步电动机的点动运行控制

5.1 教学指南

5.1.1 知识目标

（1）掌握 LD、LDI、OUT、END 指令的应用。

（2）掌握编程元件输入继电器 X、输出继电器 Y 的应用。

（3）掌握梯形图的特点和设计规则。

5.1.2 能力目标

（1）能利用所掌握的基本指令编程，实现简单的 PLC 控制。

（2）会使用简易编程器和编程软件。

（3）掌握 PLC 的外部结构和外部接线方法。

5.1.3 任务要求

以三相异步电动机点动运行为载体，学习逻辑取、输出及结束指令，并完成三相异步电动机点动运行控制程序的编写。

5.1.4 相关知识点

（1）基本指令 LD、LDI、OUT、END。

（2）输入继电器 X、输出继电器 Y。

（3）梯形图设计规则。

5.1.5 教学实施方法

（1）项目教学法。

（2）行动导向法。

5.2 任务引入

生产中有的机械需要人工点动控制电机。实现点动控制功能，只需将点动按钮串接在交流接触器的线圈中。图 5-1 所示为三相异步电动机点动运行控制线路，其中 SB 为启动按钮，KM 为交流接触器。启动时，合上刀开关 QS，按下启动按钮 SB，KM 线圈通电，KM 主触头闭合，三相异步电动机运转。停止时，松开 SB 按钮，KM 线圈断电，KM 三相主触头断电，电动机停止运转。

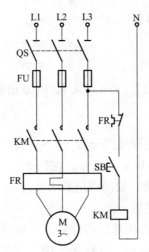

图 5-1 三相异步电动机点动运行控制

任务要求用 PLC 来实现图 5-1 所示三相异步电动机点动运行控制。利用 PLC 基本指令中的逻辑取指令、输出指令以及结束指令和编程元件中的输入继电器及输出继电器的相关知识可实现上述控制要求。

5.3 相关知识点

1. 助记符与功能

表 5-1 所示为 LD、LDI、OUT、END 指令说明。

表 5-1 LD、LDI、OUT、END 指令

助记符	名称	功能	梯形图	可用软元件	程序步
LD	取	触点逻辑运算开始，取常开接点状态	⊣├──○	X、Y、M、S、T、C	1
LDI	取反	触点逻辑运算开始，取常闭接点状态	⊣╱├──○	X、Y、M、S、T、C	1
OUT	输出	线圈驱动	⊣├──○	Y、M、S、T、C	Y、M：1 S、特 M：2 T：3 C：3～5
END	结束	输入/输出处理以及返回到 0 步	─[END]─	无	1

注：使用 M1563～M3071 时，程序步加 1 步。

LD、LDI、OUT、END 指令的使用如图 5-2 所示。

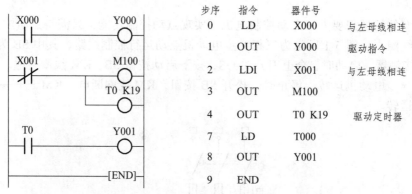

步序	指令	器件号	
0	LD	X000	与左母线相连
1	OUT	Y000	驱动指令
2	LDI	X001	与左母线相连
3	OUT	M100	
4	OUT	T0 K19	驱动定时器
7	LD	T000	
8	OUT	Y001	
9	END		

图 5-2　LD、LDI、OUT、END 指令的使用

2. 指令功能说明

（1）LD、LDI 指令用于将触点连接到母线上。它们将指定操作元件中的内容取出送入操作器。LD、LDI 指令与后述的 ANB 指令组合，在分支起点处也可以使用。

（2）OUT 指令是对输出继电器、辅助继电器、状态继电器、定时器、计数器的线圈进行驱动的指令，对输入继电器不能使用。

（3）OUT 指令在使用时不能直接从左母线输出（应用步进指令控制除外），不能串联使用；并联的 OUT 命令能多次连续使用，在梯形图中位于逻辑行末尾，紧靠右母线。

（4）双线圈输出时，后面的线圈输出有效。

图 5-3 所示为输出线圈重复（双线圈）使用的示例。设 X1 = ON，X3 = OFF。因为 X1 为 ON，Y1 的映象寄存器为 ON，输出 Y2 也为 ON。而后面因 X3 = OFF，Y1 的映象寄存器改写为 OFF。因此，实际最终输出为 Y1 = OFF，Y2 = ON。即输出线圈重复使用，则后面的线圈的动作状态有效，在程序的编写中应尽量避免双线圈输出。

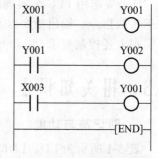

图 5-3　输出线圈重复使用

（5）可编程控制器反复进行输入处理、程序执行和输出处理。若在程序的最后写入 END 指令，则 END 以后的程序不再执行，而直接进行输出处理。在程序中没有 END 指令时，FX PLC 一直处理到最终程序步，然后从 0 步开始重复处理。在调试阶段，在各程序段插入 END 指令，可依次检查程序段的动作。这时，在确认前面回路块动作正确无误后，依次删去 END 指令。执行 END 指令时，也刷新监视定时器。

3. 编程器件

1）输入继电器（X）

输入端子是 PLC 从外部开关接受信号的窗口。在 PLC 内部，与 PLC 的输入端子相连的便是输入继电器 X。它是一种光绝缘的电子继电器，有无数的常开触点与常闭触点。这些常开/常闭触点可在 PLC 内随便使用。

PLC 通过输入接口将外部信号（接通时为 "1"，断开时为 "0"）读入并存储在输入映象存储器中。输入继电器必须由外部信号驱动，不能用程序驱动，所以在程序中不可能出现它的线圈。

FX 系列 PLC 的输入继电器的编号是由基本单元固有地址号和按照与这些地址号相连的顺序给扩展设备分配的地址号组成的，这些地址号使用 8 进制编号，即输入继电器采用 X 和八进制共同组成编号。FX$_{2N}$ 型 PLC 的输入继电器编号范围为 X000 ~ X267。

注意：基本单元输入继电器的编号是固定的，扩展单元和扩展模块是从与基本单元最靠近处开始顺序编号。例如，基本单元 FX$_{2N}$-64MR 的输入继电器编号为 X000 ~ X037，如果接有扩展单元或扩展模块，则扩展的输入继电器从 X040 开始编号。

2）输出继电器（Y）

输出端子是 PLC 向外部负载发送信号的窗口。输出继电器外部输出触点在 PLC 内与输出端子相连。输出继电器有无数的电子常开/常闭触点（软触点），在 PLC 内可随意使用。

输出继电器的线圈由 PLC 内部的程序指令驱动，其线圈状态传送给输出单元，再由输出单元对应的硬触点来驱动外部负载（每个输出继电器在输出单元中都对应唯一的一个常开硬触点）。

FX 系列 PLC 的输出继电器的编号是由基本单元固有地址号和按照与这些地址号相连的顺序给扩展设备分配的地址号组成的，这些地址号使用 8 进制编号，即输出继电器采用 Y 和八进制共同组成编号。FX$_{2N}$ 型 PLC 的输出继电器编号范围为 Y000 ~ Y267。

与输入继电器一样，基本单元的输出继电器编号是固定的，扩展单元和扩展模块的编号也是从与基本单元最靠近处开始，顺序进行编号的。

在实际使用中，输入/输出继电器的数量，要视系统的具体配置情况而定。

5.4 任务实施

1. I/O 分配表

分析上述项目控制要求，可确定 PLC 需要 1 个输入点连接启动按钮，1 个输出点连接接触器 KM 以控制被控对象（电动机 M），其 I/O 分配表如表 5-2 所示。

表 5-2 I/O 分配表

输入			输出		
输入继电器	输入元件	作用	输出继电器	输出元件	控制对象
X000	SB	启动按钮	Y000	KM	电动机 M

2. 编程

梯形图及指令表如图 5-4 所示。

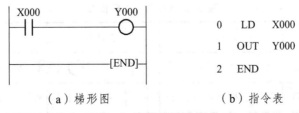

X000 Y000	0　LD　X000
┤├──────○	1　OUT　Y000
────────[END]	2　END
（a）梯形图	（b）指令表

图 5-4 梯形图及指令表

3. 硬件接线

该项目的外部接线图如图 5-5 所示。

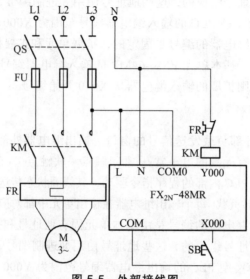

图 5-5 外部接线图

接线注意事项:

（1）要认真核对 PLC 的电源规格。不同厂家、不同类型的 PLC 使用的电源可能不大相同。FX$_{2N}$ 系列 PLC 的额定工作电压为 100～240 V。交流电源必须接于专用端子上，如果接在其他端子上，就会烧坏 PLC。

（2）直流电源输出端 24＋，为外部传感器供电，该端子不能与其他外部 24 V 电源并接。

（3）空端子"·"上不能接线，以防损坏 PLC。

（4）接触器应选择线圈额定电压为交流 220 V 或以下（对应继电器输出型的 PLC）。

（5）PLC 不要与电动机共用接地。

（6）在实习中，PLC 和负载可共用 220 V 电源；在实际生产设备中，为了抑制干扰，常用隔离变压器（380 V/220 V 或 220 V/220 V）为 PLC 单独供电。

5.5 知识拓展

1. 助记符与功能

表 5-3 为 LDP、LDF 指令的说明。

表 5-3 LDP、LDF 指令

助记符	名称	功能	梯形图	可用软元件	程序步
LDP	取脉冲上升沿	上升沿检出运行开始	┤↑├──○	X、Y、M、S、T、C	2
LDF	取脉冲下降沿	下降沿检出运行开始	┤↓├──○	X、Y、M、S、T、C	2

（1）LDP 指令是进行上升沿检出的触点指令，仅在指定位软元件的上升沿时（OFF→ON 变化时）接通一个扫描周期。

（2）LDF 指令是进行下降沿检出的触点指令，仅在指定位软元件的下降沿时（ON→OFF 变化时）接通一个扫描周期。

LDP、LDF 指令的使用说明如图 5-6 所示。

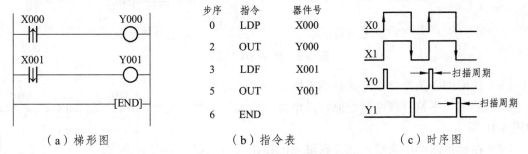

（a）梯形图 　　　　　（b）指令表 　　　　　（c）时序图

图 5-6　LDP、LDF 指令的使用说明

2. 梯形图编程的基本规则和技巧

1）编程的基本规则

（1）X、Y、M、T、C 等器件的触点可多次重复使用。

（2）梯形图每一行都是从左母线开始，线圈接在最右边，触点不能放在线圈的右边。左母线只能接触点，右母线只能接线圈，右母线可以省略不画。规则说明如图 5-7 所示。

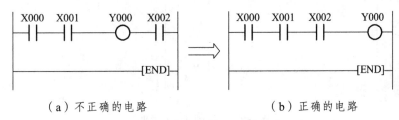

（a）不正确的电路 　　　　　　　　　（b）正确的电路

图 5-7　规则（2）说明

（3）线圈不能直接与左母线相连，如果需要，可以通过一个没有使用的内部辅助继电器常闭触点来连接。规则说明如图 5-8 所示。

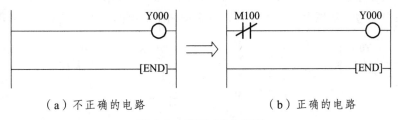

（a）不正确的电路 　　　　　　　　　（b）正确的电路

图 5-8　规则（3）说明

（4）同一编号的线圈在一个程序中使用两次叫作双线圈输出。双线圈输出容易引起误操作，所以应该避免。规则说明如图 5-9 所示。

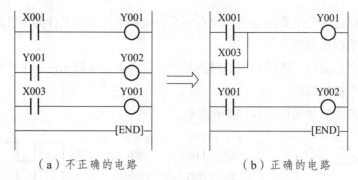

（a）不正确的电路　　　　　　（b）正确的电路

图 5-9　规则（4）说明

（5）梯形图必须符合顺序执行的原则，即"从左到右，从上往下"的原则。不符合顺序执行原则的电路不能编程。规则说明如图 5-10 所示。

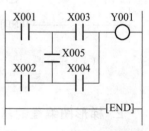

图 5-10　规则（5）说明

（6）在梯形图中串联触点和并联触点的使用次数无限，但由于梯形图编程软件以及打印机的限制，建议串联触点一行不超过 10 个，并联触点次数不超过 24 行，如图 5-11（a）所示。两个或两个以上的线圈可并联输出，但是连续输出总共不超过 24 行，如图 5-11（b）所示。

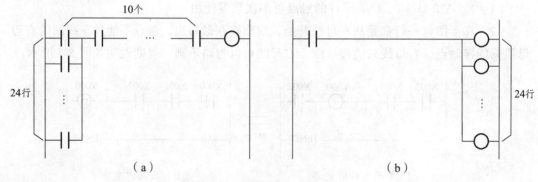

（a）　　　　　　　　　　　　（b）

图 5-11　规则（6）说明

2）编程技巧

（1）多上串左。即串联触点较多的电路画在梯形图的上方，如图 5-12（a）、（b）所示，并联电路块应放在左边，如图 5-12（c）、（d）所示。当多个并联电路串联时，应将触点最多的并联电路放在最左边。从以上两个程序看，重新排列后的电路省去了 ORB 和 ANB 两个指令。

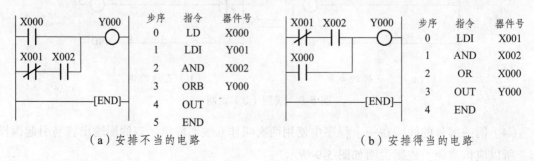

（a）安排不当的电路　　　　　　　　　　（b）安排得当的电路

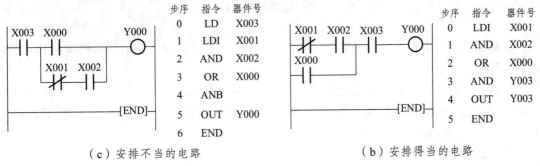

	步序	指令	器件号
	0	LD	X003
	1	LDI	X001
	2	AND	X002
	3	OR	X000
	4	ANB	
	5	OUT	Y000
	6	END	

步序	指令	器件号
0	LDI	X001
1	AND	X002
2	OR	X000
3	AND	Y003
4	OUT	Y003
5	END	

（c）安排不当的电路　　　　　　　（b）安排得当的电路

图 5-12 可重新排列的电路（一）

（2）并联线圈电路。从分支点到线圈之间没有触点的线圈应放在上方，如图 5-13 所示。这样就省去了 MPS 和 MPP 指令，节省了存储空间，缩短了运行周期。

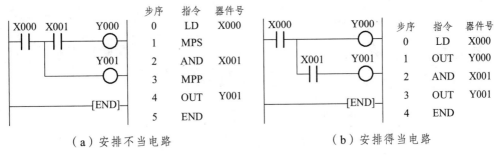

	步序	指令	器件号
	0	LD	X000
	1	MPS	
	2	AND	X001
	3	MPP	
	4	OUT	Y001
	5	END	

步序	指令	器件号
0	LD	X000
1	OUT	Y000
2	AND	X001
3	OUT	Y001
4	END	

（a）安排不当电路　　　　　　　　（b）安排得当电路

图 5-13 可重新排列的电路（二）

（3）桥式电路编程。梯形图的触点应该画在水平支路上，不能画在垂直支路上。如图 5-14（a）所示的梯形图是一个桥式电路，不能对它直接编程，必须将其等效为图 5-14（b）所示的电路才能编程。等效原则：逻辑关系不变。

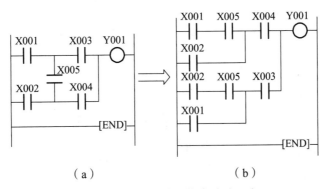

（a）　　　　　　　　　　（b）

图 5-14 可重新排列的电路（三）

思考与练习

1. 如果在图 5-5 所示线路的输入端加热继电器 FR 的常闭触点，请画出相应的 I/O 分配表、梯形图及指令表。

2. 输入、输出继电器中存在 X8、X9 或 Y8、Y9 地址编码吗？

3. 将按钮 SB 接 PLC 的输入端 X4，指示灯 HL 接输出端 Y0，控制要求为：按下 SB 时，HL 灯亮；松开 SB 时，HL 灯灭。

（1）绘出控制电路图；

（2）写出 I/O 分配表；

（3）编写梯形图程序和指令表。

任务 6　三相异步电动机连续运行控制

6.1　教学指南

6.1.1　知识目标

（1）掌握 AND、ANI、ANDP、ANDF、OR、ORI、ORP、ORF、SET、RST 指令的应用。

（2）掌握编程器件辅助继电器 M、计数器 C 的应用。

6.1.2　能力目标

（1）能利用触点串并联、置位/复位指令及计数器来实现三相异步电动机的连续运行，能利用计数器和特殊辅助继电器设计电子钟、实现多继电器线圈控制电路及多地控制电路。

（2）掌握 PLC 的外部结构和外部接线方法。

6.1.3　任务要求

以三相异步电动机连续运行为载体，学习触点串并联指令及置位/复位指令，并完成三相异步电动机连续运行控制程序的编写。

6.1.4　相关知识点

（1）基本指令 AND、ANI、ANDP、ANDF、OR、ORI、ORP、ORF、SET、RST。

（2）辅助继电器 M、计时器 C。

6.1.5　教学实施方法

（1）项目教学法。

（2）行动导向法。

6.2　任务引入

图 6-1 所示为三相异步电动机连续运行控制电路。启动时，合上刀开关 QS，按下启动按钮 SB2，交流接触器 KM 线圈通电，主回路中 KM 的三相主触点闭合，同时与 SB2 并联的 KM 的辅助触点闭合形成自锁，电动机 M 连续运行。停止时，按下按钮 SB1，KM 线圈断电，KM 主触点断开，切断三相电源，使得电动机 M 停止转动。

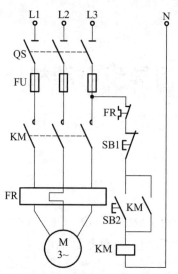

图 6-1 三相异步电动机连续运行控制电路

任务要求用 PLC 来实现图 6-1 所示三相异步电动机连续运行控制。利用 PLC 基本指令中的触点串并联指令或置位/复位指令的相关知识可实现上述控制要求。

6.3 相关知识点

1. 助记符与功能

表 6-1 所示为 AND、ANI、OR、ORI、SET、RST 指令说明。

表 6-1 AND、ANI、OR、ORI、SET、RST 指令

助记符	名称	功能	梯形图	可用软元件	程序步
AND	与	常开触点串联连接		X、Y、M、S、T、C	1
ANI	与非	常闭触点串联连接		X、Y、M、S、T、C	1
OR	或	常开触点并联连接		X、Y、M、S、T、C	1
ORI	或非	常闭触点并联连接		X、Y、M、S、T、C	1
SET	置位	动作保持	SET Y/M/S	Y、M、S	Y, M：1 S, 特殊 M：2 T, C：2 D, V, Z, 特殊 D：3
RST	复位	取消动作保持, 当前值寄存器清零	RET Y/M/S…	Y、M、S、T、C、D、V、Z	

注：使用 M1563～M3071 时，程序步加 1 步。

2. 指令功能说明

（1）用 AND 与 ANI 指令可串联连接多个触点，串联触点的个数没有限制，该指令可以多次重复使用。

（2）OUT 指令后，通过触点对其他线圈使用 OUT 指令，称之为纵接输出或连续输出，如图 6-2 中的 OUT Y003。这种纵接输出如果顺序不错，可重复多次。但如果驱动顺序换成图 6-3 所示的形式，则必须用后述的 MPS 指令和 MPP 指令。

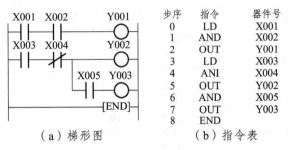

（a）梯形图　　　　　　（b）指令表

图 6-2　AND、ANI 指令说明

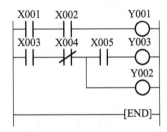

图 6-3　不推荐使用

（3）OR、ORI 被用作一个触点的并联连接指令。如果有两个以上的触点串联连接，并将这种串联回路与其他回路并联连接时，采用后述的 ORB 指令。

（4）OR、ORI 是指从指令的步开始，与前述的 LD、LDI 指令步进行并联连接。并联连接的次数不受限制，如图 6-4 所示。使用这些外围设备时，建议在 24 行以下。

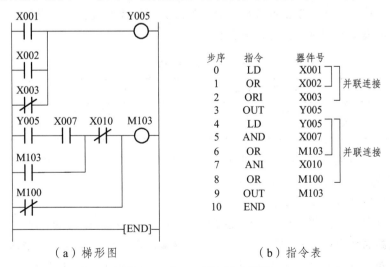

（a）梯形图　　　　　　（b）指令表

图 6-4　OR、ORI 指令说明

（5）对于同一软元件，SET、RST 指令可多次使用，顺序也可随意，但最后执行者有效。此外，使数据寄存器（D）、变址寄存器（V/Z）的内容清零时，也可使用 RST 指令。累计定时器 T245～T255 的当前值的复位以及触点的复位也可使用 RST 指令。

SET、RST 指令使用说明如图 6-5 所示。X000 一旦接通后，即使它再断开，Y000 仍保持接通状态。X001 一旦接通时，即使它再断开，Y000 仍保持断开状态。对于程序中的 M、S 也是一样的。

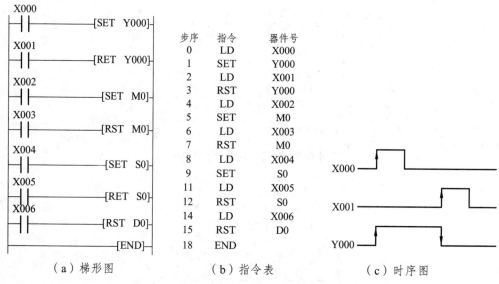

（a）梯形图　　　　　　（b）指令表　　　　　　（c）时序图

图 6-5　SET、RST 指令说明

3. 编程器件

1）辅助继电器（M）

PLC 内有很多辅助继电器。这类辅助继电器的线圈与输出线圈一样，由 PLC 内的各种软器件的触点驱动。辅助继电器有无数个电子常开触点与常闭触点，在写程序时可以无数次随意使用，但是该触点不能直接驱动外部负载，外部负载只能通过输出继电器 Y 驱动。PLC 内的辅助继电器的地址编号和功能如表 6-2 所示。

表 6-2　辅助继电器

通用型	断电保持型（可修改）	断电保持型（专用）	特殊用辅助继电器
M0～M499 500 点	M500～M1023 524 点	M1024～M3071 2 048 点	M8000～M8255 256 点

辅助继电器的地址编号是采用十进制的，共分为三类：通用型辅助继电器、断电保持型辅助继电器和特殊用途辅助继电器。

（1）通用型辅助继电器（M0～M499）。

在逻辑运算中经常需要一些中间继电器作为辅助运算用，用作状态暂存、中间过渡等。通用辅助继电器的特点是线圈通电，触点动作；线圈断电，触点复位；当系统断电时，所有状态复位。另外，可以通过设定 PLC 的参数，将 M0～M499 改为断电保持型辅助继电器。

（2）断电保持型辅助继电器（M500～M1023，M1024～M3071）。

PLC 在运行中若发生停电，输出继电器和通用型辅助继电器全部成为断开状态。上电后，PLC 恢复运行，断电保持型辅助继电器能保持断电前的状态。在不少控制系统中要求能保持断电瞬间的状态，这种场合使用断电保持型继电器。断电保持型辅助继电器是靠 PLC 的内装备用电池或 EEPROM 进行停电保持的。在将断电保持专用继电器作为一般辅助继电器使用的场合，应在程序最前面的地方用 RST 或 ZRST 指令清除内容。另外，可以通过设定 PLC 的参数，将 M500～M1023 改为通用辅助继电器，而 M1024～M3071 不能变。当采用并联通信时，M800～M999 作为通信被占用。

（3）特殊用辅助继电器。

PLC 内有大量的特殊辅助继电器，每个特殊用途辅助继电器的功能都不相同，使用时要注意其特殊功能，没有定义的辅助继电器不能使用。这些特殊辅助继电器可分为两类。

① 触点利用型特殊辅助继电器。利用 PLC 自动驱动线圈，用户可使用该触点，如：

M8000：运行监视器（在运行中接通，M8001 与 M8000 逻辑相反）。

M8002：初始脉冲（仅在运行开始时瞬间接通，M8003 与 M8002 逻辑相反）。

M8011：10 ms 时钟脉冲。

M8012：100 ms 时钟脉冲。

M8013：1 s 时钟脉冲。

M8014：1 min 时钟脉冲。

② 线圈驱动型特殊辅助继电器。如果用户驱动线圈，则 PLC 做特定的运行，如：

M8030：电池发光二极管熄灭指令（使 BATTLED 灯熄灭）。

M8033：停止时保持输出。

M8034：输出全部禁止。

M8039：恒定扫描（定时扫描方式）。

2）计数器（C）

PLC 内有很多计数器，每个计数器有一个设定值寄存器（一个或两个字长），一个当前值寄存器（一个或两个字长）以及无限个触点（常开和常闭）。触点可以用无限次。当计数器的当前值和设定值相等时其触点动作。PLC 提供了两类计数器：一类是内部计数器，它是在执行扫描操作时对内部器件（如 X、Y、M、S、T 和 C）的信号等进行计数的计数器，要求输入信号的接通或断开时间应大于 PLC 的扫描周期；另一类是高速计数器，它对外部输入的高速脉冲信号（从 X0～X5）进行计数，脉冲信号周期可以小于扫描周期，其响应速度快，因此对于频率较高的计数器就必须采用高速计数器。高速计数器是以终端的方式工作的。计数器的地址号见表 6-3。

表 6-3　计数器

16 位增计数器 0～32 767		32 位双向计数器 − 2 147 483 648 ～ + 2 147 483 647	
普通型	停电保持型	停电保持专用型	特殊型
C0～C99 100 点	C100～C199 100 点	C200～C219 20 点	C220～C234 15 点

注：计数器（C）的编号按 10 进制分配。

（1）16位增计数器。

16位增计数器的设定值为1～32 767,设定值可以用常数K或者通过数据寄存器D来设定。设定值K0和K1具有相同的含义,即在第一次计数开始时输出触点就动作。停电保持型和普通型的区别在于如果切断PLC电源,普通型计数器的当前值自动清零,而停电保持型计数器则可存储停电前的计数值,因此计数器可按上一次数值累计计数。

图6-6表示了16位增计数器的动作过程。X011是计数输入,每按一次X011,计数器接通一次,计数器当前值加1,当计数器的当前值为5时,计数器的常开触点接通,从而接通输出继电器Y000。之后,即使输入X011再次接通,计数器的当前值也保持不变。当按下复位按钮X010时,执行RST指令,将计数器当前值清0,输出触点断开,从而使得输出继电器Y000断开。

计数器的设定值除了用上述的常数K外,还可由数据寄存器编号指定。例如,指定D10,如果D10的内容为123,则与设定K123是一样的。在以MOV等指令将大于设定值的数据写入当前值寄存器（如MOV K200 D10）时,则在下次输入时,输出线圈接通,当前值寄存器变为设定值。

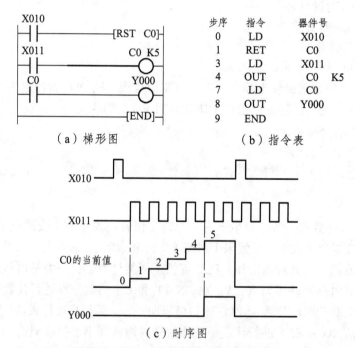

（a）梯形图　　　　　　　　（b）指令表

（c）时序图

图6-6　16位增计数器的动作过程

（2）32位双向计数器。

32位双向计数器设定值为－2 147 483 648～＋2 147 483 647。32位双向计数器是增计数还是减计数是由特殊辅助继电器M8200～M8234设定的。特殊型辅助继电器接通（置1）时,为减计数;特殊型辅助继电器断开（置0）时,为增计数。与16位计数器一样,计数器的设定值可以直接用K或者间接用D的内容作为设定值。设定值正、负均可。间接设定时,数据寄存器将连号的内容变为一对,作为32位数据处理。如在指定D0时,D1与D0两项作为32位设定值处理。值得注意的是,计数器当前值的增减与输出触点的动作无关,但是如果从

+ 2 147 483 647 开始增计数,则成为 – 2 147 483 648。同样,如果从 – 2 147 483 648 开始减计数,则成为 + 2 147 483 647,这类动作被称为环形计数。

32 位双向计数器的工作过程如图 6-7 所示。

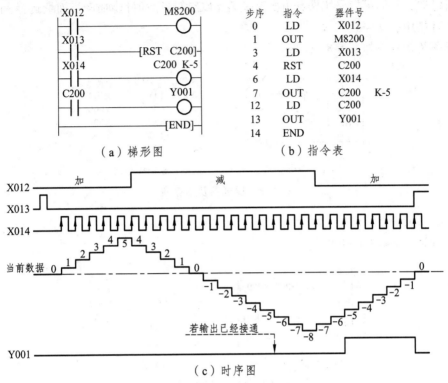

（a）梯形图　　　　　　　　　（b）指令表

（c）时序图

图 6-7　32 位双向计数器的工作过程

6.4　任 务 实 施

1. I/O 分配表

分析上述项目控制要求,可确定 PLC 需要 1 个输入点连接启动按钮,1 个输入点连接停止按钮,1 个输出点连接接触器 KM 以控制被控电动机 M。其 I/O 分配表如表 6-4 所示。

表 6-4　I/O 分配表

输入			输出		
输入继电器	输入元件	作用	输出继电器	输出元件	控制对象
X004	SB2	启动按钮	Y000	KM	电动机 M
X005	SB1	停止按钮			

2. 编　程

根据图 6-1 及表 6-4 所示,当按钮 SB2 按下时,输入继电器 X004 接通,输出继电器 Y000

置1，交流接触器 KM 线圈通电，这时候电动机连续运行。即使此时松开 SB2 按钮，输出继电器 Y000 仍然保持通电的状态，这就是"自锁"或"自保持功能"。当按下停止按钮 SB1，输入继电器 X005 置 0，输入继电器 Y000 置 0，外接接触器 KM 断电，电动机停止运行。从以上分析可知，我们可以采用两种方式来实现 PLC 控制三相异步电动机连续运行。

（1）直接用启动停止实现。

梯形图及指令表如图 6-8 所示。

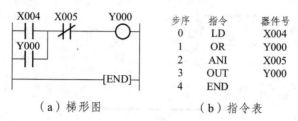

（a）梯形图　　　　（b）指令表

图 6-8　梯形图及指令表

（2）用置位、复位指令实现。

梯形图及指令表如图 6-9 所示。

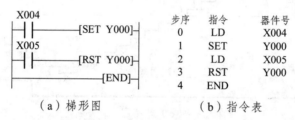

（a）梯形图　　　　（b）指令表

图 6-9　梯形图及指令表

3. 硬件接线

该项目的外部接线图如图 6-10 所示。

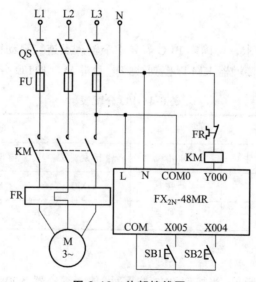

图 6-10　外部接线图

6.5 知识拓展

1. 助记符与功能

表 6-5 所示为 ANDP、ANDF、ORP、ORF 指令说明。

表 6-5 ANDP、ANDF、ORP、ORF 指令

助记符	名称	功能	梯形图	可用软元件	程序步
ANDP	与脉冲上升沿	上升沿检出串联连接		X、Y、M、S、T、C	2
ANDF	与脉冲下降沿	下降沿检出串联连接		X、Y、M、S、T、C	2
ORP	或脉冲上升沿	上升沿检出并联连接		X、Y、M、S、T、C	2
ORF	或脉冲下降沿	下降沿检出并联连接		X、Y、M、S、T、C	2

（1）ANDP、ORP 指令是进行上升沿检出的触点指令，仅在指定位软元件的上升沿时（OFF→ON 变化时）接通一个扫描周期。

（2）ANDF、ORF 指令是进行下降沿检出的触点指令，仅在指定位软元件的下降沿时（ON→OFF 变化时）接通一个扫描周期。

2. 编程器件——高速计数器（C）

一般情况下，PLC 的普通计数器只能接受频率为几十赫兹以下的低频脉冲信号，对于大多数控制系统来说，已经满足要求。但在实际生产中，PLC 可能要处理几千赫兹以上的高速信号，为此，FX$_{2N}$ 系列 PLC 专门设置了 21 个高速计数器。

高数计数器共 21 点，地址编号为 C235～C255。高速计数器的脉冲输入只有 6 点（X0～X5）。如果这 6 个输入接口的一个已被某个高速计数器占用，它就不能再用于其他高速计数器（或其他用途）。例如，使用 C235 后，X0 被占用，则不可使用于 C241、C244、C246、C247、C249、C251、C252、C254。也就是说，由于只有 6 个高速计数器的输入端，最多只能有 6 个高速计数器同时工作。高速计数器输出指令要在主程序内编程，不能在子程序内编程。由于高速计数器具有断电保持功能，所以计数值需要清零时采用复位（RST）指令。

高速计数器分为单相单计数输入、单相双计数输入和双相双计数输入三类。

1）单相单计数输入

单相单计数输入高速计数表如表 6-6 所示。

单相单计数输入高速计数器 C235～C245 为增计数器还是减计数器由特殊辅助继电器 M8235～M8245 的状态决定。M8235～M8245 状态为 ON 时是减计数器，状态为 OFF 或者程序中没有出现 M8235～M8245 时是增计数器。

图 6-11 为高速计数器 C235 的使用示例。如图中所示，M8000 接通时定义高速计数器 C235，当到达设定数值 K100 时，输出 Y000 动作。系统自动分配 X000 为 C235 的计数信号输入端。X001 是工作方式选择端，X001 断开时为增计数，接通时为减计数。X002 接通，复位 C235。

表 6-6　单相单计数输入高速计数表

	单相单计数输入										
	C235	C236	C237	C238	C239	C240	C241	C242	C243	C244	C245
X000	U/D						U/D			U/D	
X001		U/D					R	U/D		R	U/D
X002			U/D					R	U/D		R
X003				U/D					R		
X004					U/D						
X005						U/D					
X006										S	
X007											S

注：U：增计数输入；D：减计数输入；R：复位输入；S 启动输入。

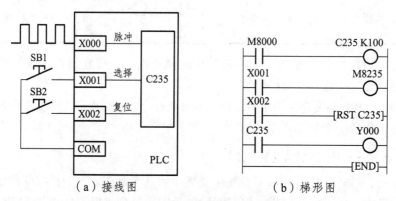

（a）接线图　　　　　　　（b）梯形图

图 6-11　使用高速计数器 C235

　　图 6-12 为高速计数器 C245 的使用示例。如图中所示，C245 的当前值等于或大于 100 时，Y000 动作。系统自动分配 X000 为 C245 的脉冲信号输入端，X002 为 C245 复位端，X007 为 C245 启动计数控制端。X001 是工作方式选择端，X001 断开时为增计数，接通时为减计数。

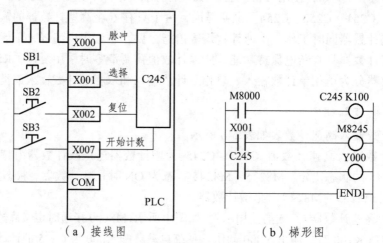

（a）接线图　　　　　　　（b）梯形图

图 6-12　使用高速计数器 C245

2）单相双计数输入

单相双计数输入高速计数表如表 6-7 所示。

表 6-7　单相双计数输入高速计数表

	单相双计数输入				
	C246	C247	C248	C249	C250
X000	U	U		U	
X001	D	D		D	
X002		R		R	
X003			U		U
X004			D		D
X005			R		R
X006				S	
X007					S

注：U：增计数输入；D：减计数输入；R：复位输入；S 启动输入。

单相双计数输入的高速计数器 C246 ~ C250 根据脉冲输入为增计数脉冲还是减计数脉冲，自动地增、减计数。同时通过 M8246 ~ M8250 可以监控计数器的工作方式。M8246 ~ M8250 状态为 ON 表示是减计数，状态为 OFF 表示是增计数。

图 6-13 为高速计数器 C247 的使用示例。如图中所示，C247 大于等于 100 时 Y000 动作。系统自动分配 X000、X001 为 C247 的增、减脉冲信号输入端，X002 为 C247 的复位端。用 M8247 的状态表示增、减方式，当 C247 增计数时，M8247 不动作，其常闭触点闭合，Y001 通电；当 C247 为减计数时，M8247 动作，其常开触点闭合，Y002 通电。

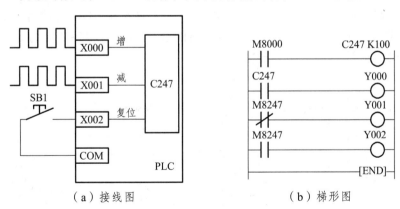

（a）接线图　　　　（b）梯形图

图 6-13　使用高速计数器 C247

3）双相双计数输入

双相双计数输入高速计数表如表 6-8 所示。

表 6-8 双相双计数输入高速计数表

	双相双计数输入				
	C251	C252	C253	C254	C255
X000	A	A		A	
X001	B	B		B	
X002		R		R	
X003			A		A
X004			B		B
X005			R		R
X006				S	
X007					S

注：A：A 相输入；B：B 相输入；R：复位输入；S 启动输入。

双相双计数输入的高速计数器 C251～C255 的工作方式可以通过监控 M8251～M8255 知道。M8251～M8255 状态为 ON 表示是减计数，状态为 OFF 表示为增计数。双相计数器的两个脉冲端子是同时工作的，增、减计数方式由两相脉冲间的相位决定。如图 6-14 所示，在 A 相状态为 ON，B 相状态为 OFF→ON（即上升沿）时为增计数；反之，B 相状态为 ON→OFF（即下降沿）时为减计数。

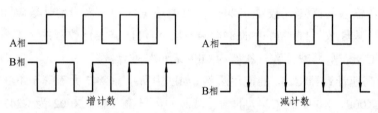

图 6-14 双相计数器波形图

图 6-15 所示为高速计数器 C252 的使用示例。如图中所示，高速计数器 C252 大于等于 100 时 Y000 动作。系统自动分配 X000、X001 为 C252 的 A 相、B 相脉冲信号输入端，X002 为 C252 的复位端。用 M8252 的状态指示计数器的增、减状态，当 C252 为增计数时，Y001 通电；当 C252 为减计数时，Y002 通电。

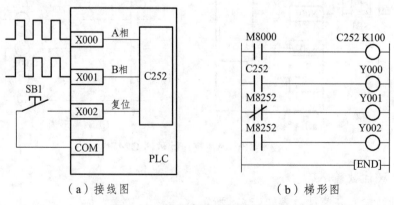

（a）接线图　　　　　　　（b）梯形图

图 6-15 使用高速计数器 C252

3. 任务拓展——电动机单按钮启停控制

在 PLC 控制系统的实际应用中，输入信号通常由众多的按钮、行程开关和各类传感器构成，有时候可能会出现触点不够用的情况。在这种情况下，除了扩展模块外，还可以考虑减少继电器输入的数量，如单按钮启停控制。

1）任务要求

用单按钮来控制电动机的启动和停止，即第一次按下按钮时电动机启动，第二次按下按钮时电动机停止运行。如图 6-16 所示为电动机单按钮启停控制时序图。

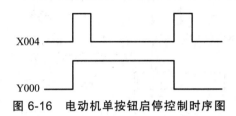

图 6-16　电动机单按钮启停控制时序图

2）I/O 分配表

分析上述项目控制要求，可确定 PLC 需要 1 个输入点连接启动/停止按钮，1 个输出点连接接触器 KM 以控制被控电动机 M。其 I/O 分配表如表 6-9 所示。

表 6-9　I/O 分配表

输入			输出		
输入继电器	输入元件	作用	输出继电器	输出元件	控制对象
X004	SB1	启动/停止按钮	Y000	KM	电动机 M

3）编　程

根据图 6-16 及表 6-9 所示，当第一次按下按钮 SB1 时，输入继电器 X004 置 1，计数器 C0、C1 开始计数，当 C0 计数值达到设定值 1 时，输出继电器 Y000 置 1，电动机 M 运行。当再次按下按钮 SB1 时，输入继电器 X004 又置 1，计数器 C1 计数值达到设定值 2 时，输出继电器 Y000 置 0，电动机停止运行。

图 6-17 所示为电动机单按钮启停控制程序。

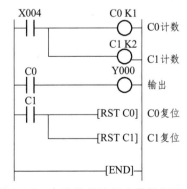

图 6-17　电动机单按钮启停控制程序

4）硬件接线

该任务的外部接线图如图 6-18 所示。

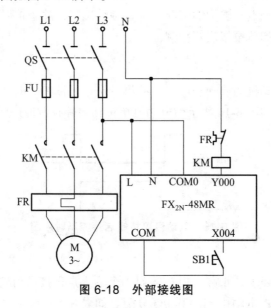

图 6-18　外部接线图

思考与练习

1. 能否在图 6-8 所示梯形图程序中加入辅助继电器来完成操作？请设计梯形图程序及相应的指令表。

2. 简述普通计数器 C 的分类、用途。

3. 在 FX 系列 PLC 中已有普通计数器，为什么还要设置高速计数器？

4. 高速计数器分为哪几类？对于单计数输入的高速计数器，怎样设置其增或减计数方式？对于双计数输入的高速计数器，怎样显示其增或减计数方式？

5. 高速计数器 C236 的初始值是 0，达到设定值 K10000 时，输出端 Y010 状态为 ON，X001、X002 分别为启动、复位端，试编写控制程序。

6. 楼上、楼下各有一只开关（SB1、SB2），共同控制一盏照明灯（HL1）。要求两只开关均可对灯的状态（亮或灭）进行控制。试用 PLC 来实现上述控制要求。

任务 7 三相异步电动机的正反转控制

7.1 教学指南

7.1.1 知识目标

掌握 ORB、ANB、MPS、MRD、MPP 指令的应用。

7.1.2 能力目标

（1）能利用基本指令、置位/复位电路及堆栈指令分别实现电动机正反转运行。
（2）能将已学指令应用于灯光控制电路、双按钮单地启动与停止电路。
（3）掌握 PLC 的外部结构和外部接线方法。

7.1.3 任务要求

以三相异步电动机的正反转控制为载体，学习块及多重输出指令，并完成三相异步电动机正反转控制程序的编写。

7.1.4 相关知识点

（1）基本指令 ORB、ANB、MPS、MRD、MPP。
（2）堆栈。

7.1.5 教学实施方法

（1）项目教学法。
（2）行动导向法。

7.2 任务引入

图 7-1 所示为三相异步电动机正反转控制电路。启动时，合上刀开关 QS，按下正转启动按钮 SB2，交流接触器 KM1 线圈通电，主回路中 KM1 的三相主触点闭合，同时与 SB2 并联的 KM1 的辅助触点闭合形成自锁，电动机 M 正转运行。按下反转启动按钮 SB3，交流接触器 KM2 线圈通电，主回路中 KM2 的三相主触点闭合，同时与 SB3 并联的 KM2 的辅助触点闭合形成自锁，电动机 M 反转运行。停止时，按下按钮 SB1，KM1/KM2 线圈断电，KM1/KM2 主触点断开，切断三相电源，使得电动机 M 停止转动。

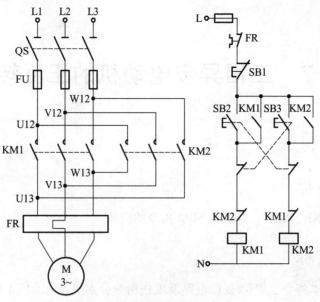

图 7-1 电动机正反转控制线路

7.3 相关知识点

1. 助记符与功能

表 7-1 所示为 ANB、ORB、MPS、MPP、MRD 指令说明。

表 7-1 ANB、ORB、MPS、MPP、MRD 指令

助记符	名称	功能	梯形图	可用软元件	程序步
ORB	电路块或	串联电路块的并联连接		无	1
ANB	电路块与	并联电路块的串联连接		无	1
MPS	进栈	运算结果送入堆栈第一级单元；堆栈各级数据依次下移到下一级单元		无	1
MRD	读栈	将堆栈第一级数据送入运算器；堆栈各级内数据不发生上移或下移		无	1
MPP	出栈	将堆栈第一级单元的数据送入运算器；堆栈各级数据依次上移到上一级单元		无	1

2. 指令功能说明

1）ORB、ANB 指令

（1）有两个或两个以上触点串联的电路称为串联电路块。串联电路块与其他电路并联连接时，分支开始用 LD、LDI 指令，分支结束用 ORB 指令。ORB 指令可以成批使用，但是需要注意 LD、LDI 指令的重复次数受限制（在 8 次以下）。ORB 指令使用说明如图 7-2 所示。

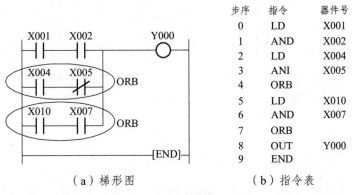

步序	指令	器件号
0	LD	X001
1	AND	X002
2	LD	X004
3	ANI	X005
4	ORB	
5	LD	X010
6	AND	X007
7	ORB	
8	OUT	Y000
9	END	

（a）梯形图 　　　　　（b）指令表

图 7-2　ORB 指令使用说明

（2）有两个或两个以上触点并联的电路称为并联电路块。并联电路块和其他触点串联连接时，使用 ANB 指令。ANB 指令使用说明如图 7-3 所示。

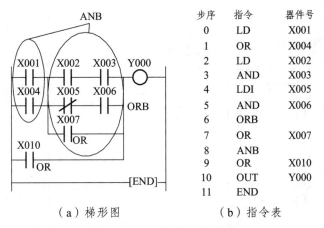

步序	指令	器件号
0	LD	X001
1	OR	X004
2	LD	X002
3	AND	X003
4	LDI	X005
5	AND	X006
6	ORB	
7	OR	X007
8	ANB	
9	OR	X010
10	OUT	Y000
11	END	

（a）梯形图 　　　　　（b）指令表

图 7-3　ANB 指令使用说明

2）MPS、MRD、MPP 指令

（1）栈操作指令多用于多重输出的梯形图中，在编程时，需要将中间运算结果存储时，就可以通过栈操作指令来实现。在 PLC 中有 11 个存储中间运算结果的栈存储器，如图 7-4 所示，因此 MPS 指令和 MPP 指令连续使用次数不超过 11 次。

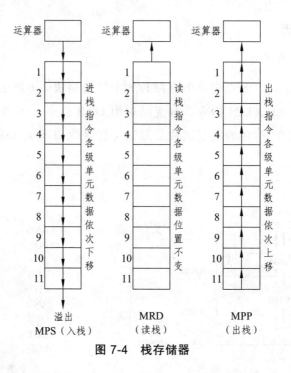

图 7-4 栈存储器

（2）MPS 指令用于分支的开始处，MRD 指令用于分支的中段，MPP 指令用于分支的结束处。

（3）MPS 指令、MRD 指令、MPP 指令均不带操作元件，其中 MPS 指令与 MPP 指令必须成对使用。

以下给出几个堆栈的实例。

① 一层栈编程。

一层栈编程如图 7-5 所示。

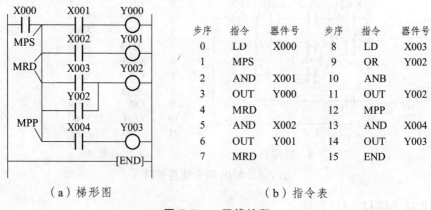

步序	指令	器件号	步序	指令	器件号
0	LD	X000	8	LD	X003
1	MPS		9	OR	Y002
2	AND	X001	10	ANB	
3	OUT	Y000	11	OUT	Y002
4	MRD		12	MPP	
5	AND	X002	13	AND	X004
6	OUT	Y001	14	OUT	Y003
7	MRD		15	END	

（a）梯形图　　　　　　　　（b）指令表

图 7-5　一层栈编程

② 二层栈编程。

二层栈编程如图 7-6 所示。

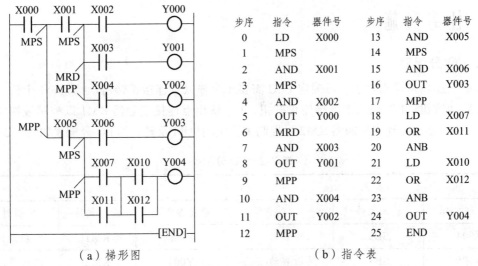

步序	指令	器件号	步序	指令	器件号
0	LD	X000	13	AND	X005
1	MPS		14	MPS	
2	AND	X001	15	AND	X006
3	MPS		16	OUT	Y003
4	AND	X002	17	MPP	
5	OUT	Y000	18	LD	X007
6	MRD		19	OR	X011
7	AND	X003	20	ANB	
8	OUT	Y001	21	LD	X010
9	MPP		22	OR	X012
10	AND	X004	23	ANB	
11	OUT	Y002	24	OUT	Y004
12	MPP		25	END	

（a）梯形图　　　　　　　　　　（b）指令表

图 7-6　二层栈编程

③ 四层栈编程。

四层栈编程如图 7-7 所示。

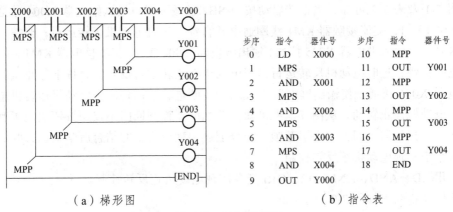

步序	指令	器件号	步序	指令	器件号
0	LD	X000	10	MPP	
1	MPS		11	OUT	Y001
2	AND	X001	12	MPP	
3	MPS		13	OUT	Y002
4	AND	X002	14	MPP	
5	MPS		15	OUT	Y003
6	AND	X003	16	MPP	
7	MPS		17	OUT	Y004
8	AND	X004	18	END	
9	OUT	Y000			

（a）梯形图　　　　　　　　　　（b）指令表

图 7-7　四层栈编程

图 7-7 所示的梯形图也可以通过适当的变换，不使用栈操作指令，从而简化指令表，减少程序所占存储空间。变换后的梯形图及指令表如图 7-8 所示。

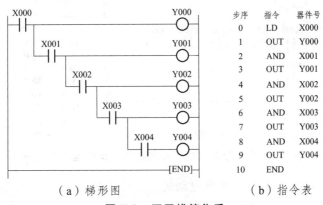

步序	指令	器件号
0	LD	X000
1	OUT	Y000
2	AND	X001
3	OUT	Y001
4	AND	X002
5	OUT	Y002
6	AND	X003
7	OUT	Y003
8	AND	X004
9	OUT	Y004
10	END	

（a）梯形图　　　　　　　　　　（b）指令表

图 7-8　四层栈简化后

7.4 任务实施

1. I/O 分配表

分析上述项目控制要求,可确定 PLC 需要 1 个输入点连接正转启动按钮,1 个输入点连接反转启动按钮,1 个输入点连接停止按钮,1 个输出点连接接触器 KM1 以控制被控电动机 M 正转,1 个输出点连接接触器 KM2 以控制被控电动机 M 反转。其 I/O 分配表如表 7-2 所示。

表 7-2 I/O 分配表

输入			输出		
输入继电器	输入元件	作用	输出继电器	输出元件	控制对象
X004	SB2	正转启动按钮	Y000	KM1	电动机正转
X005	SB3	反转启动按钮	Y001	KM2	电动机反转
X006	SB1	停止按钮			

2. 编　程

由图 7-1 及表 7-2 可知,当正转启动按钮 SB2 被按下时,输入继电器 X004 接通,输出继电器 Y000 置 1,交流接触器 KM1 线圈通电并自锁,这时电动机正转运行;当按下反转启动按钮 SB3 时,输入继电器 X005 接通,输出继电器 Y001 置 1,交流接触器 KM1 断电,KM2 线圈通电并自锁,这时电动机反转运行;当电动机在正转或者反转时,按下停止按钮 SB1,输入继电器 X006 接通,使输出继电器 KM1/KM2 断电,从而切断为电动机运行供电的三相主电源,电动机停止转动。从图 7-1 中可知,该继电器控制回路不仅用按钮实现了互锁,同时正反转运行接触器之间也实现了互锁。结合上述编程分析,并结合所学知识,我们可以采用三种方案来实现电动机正反转控制。

(1)用 LD、AND、ANI、OR、ORI 指令实现电动机正反转控制。

梯形图及指令表如图 7-9 所示。

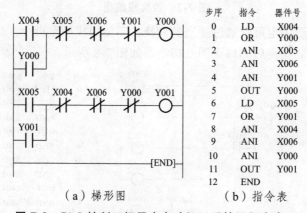

步序	指令	器件号
0	LD	X004
1	OR	Y000
2	ANI	X005
3	ANI	X006
4	ANI	Y001
5	OUT	Y000
6	LD	X005
7	OR	Y001
8	ANI	X004
9	ANI	X006
10	ANI	Y000
11	OUT	Y001
12	END	

（a）梯形图　　　　（b）指令表

图 7-9 PLC 控制三相异步电动机正反转运行方案一

(2)采用"复位/置位"指令来实现电动机正反转控制。

梯形图及指令表如图 7-10 所示。

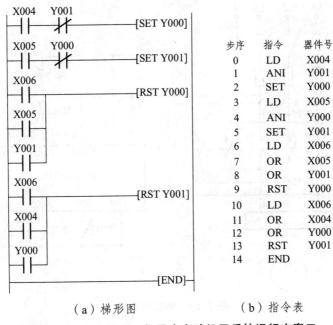

步序	指令	器件号
0	LD	X004
1	ANI	Y001
2	SET	Y000
3	LD	X005
4	ANI	Y000
5	SET	Y001
6	LD	X006
7	OR	X005
8	OR	Y001
9	RST	Y000
10	LD	X006
11	OR	X004
12	OR	Y000
13	RST	Y001
14	END	

（a）梯形图 　　　　（b）指令表

图 7-10　PLC 控制三相异步电动机正反转运行方案二

（3）采用堆栈指令来实现电动机正反转。

梯形图及指令表如图 7-11 所示。

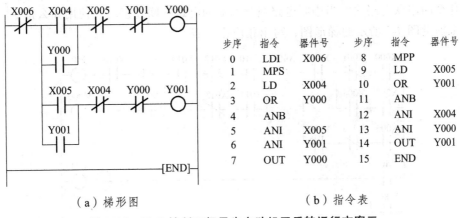

步序	指令	器件号	步序	指令	器件号
0	LDI	X006	8	MPP	
1	MPS		9	LD	X005
2	LD	X004	10	OR	Y001
3	OR	Y000	11	ANB	
4	ANB		12	ANI	X004
5	ANI	X005	13	ANI	Y000
6	ANI	Y001	14	OUT	Y001
7	OUT	Y000	15	END	

（a）梯形图 　　　　（b）指令表

图 7-11　PLC 控制三相异步电动机正反转运行方案三

3. 硬件接线

该任务的外部接线图如图 7-12 所示。

由图 7-12 可知，外部硬件输出电路中使用 KM1、KM2 的常闭触点实现了互锁。这是因为 PLC 的内部软继电器互锁只相差一个扫描周期，来不及响应。例如，Y000 虽然已经断开，但 KM1 的触点可能还未断开，在没有外部硬件互锁的情况下，KM2 接触器可能接通，引起主电路断路。因此，不仅要在梯形图中加入软继电器的互锁触点，在硬件接线中输出电路部分也应该进行互锁，这就是我们常说的"软硬件双重互锁"。采用双重互锁，同时也避免了 KM1 和 KM2 的主触点熔焊而引起的主电路断路。

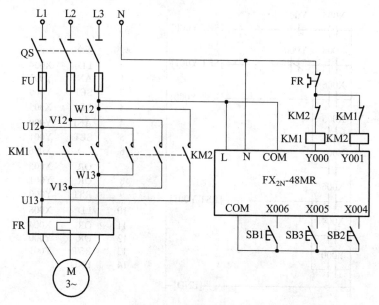

图 7-12 外部接线图

思考与练习

1. 什么叫并联电路块？当并联电路块与前面的电路串联连接时，使用什么指令？
2. 什么叫串联电路块？当串联电路块与前面的电路并联连接时，使用什么指令？
3. 根据题图 7-1 所示的梯形图，写出相应指令表。

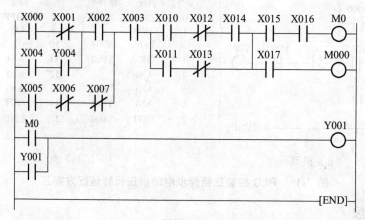

题图 7-1

任务 8　两台电动机顺序启动逆序停止控制

8.1　教学指南

8.1.1　知识目标

掌握定时器 T 的应用。

8.1.2　能力目标

（1）能利用所学的指令和编程器件实现两台电动机顺序启动逆序停止控制。

（2）能熟练地应用延时控制电路，并将其应用于传送带控制、生产线顺序控制、灯光闪烁控制、喷泉控制系统等。

8.1.3　任务要求

以两台电动机顺序启动逆序停止控制为载体，学习延时控制方法，并完成两台电动机顺序启动逆序停止控制程序的编写。

8.1.4　相关知识点

定时器 T。

8.1.5　教学实施方法

（1）项目教学法。

（2）行动导向法。

8.2　任务引入

图 8-1 所示为两台电动机顺序启动逆序停止控制电路。按下启动按钮 SB2，第一台电动机 M1 启动，5 s 之后电动机 M2 启动；按下定停止按钮 SB3，第二台电动机停止运行，10 s 后第一台电动机停止运行；SB1 为急停按钮，当系统出现故障时，只要按下按钮 SB1，两台电动机均可立即停止运行。

任务要求用 PLC 来实现图 8-1 所示两台电动机顺序启动逆序停止的控制，其控制时序图如图 8-2 所示。利用 PLC 的定时器以及通电延时控制电路可以实现以上要求。

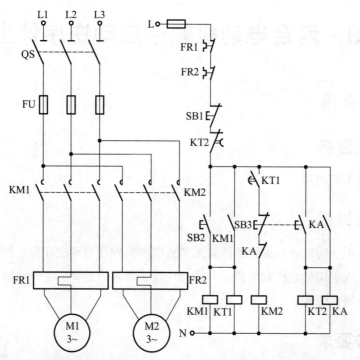

图 8-1 两点电动机顺序启动逆序停止控制电路

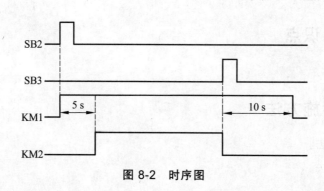

图 8-2 时序图

8.3 相关知识点

　　定时器是 PLC 内具有延时功能的软继电器，它有一个设定值寄存器（一个字长）、一个当前值寄存器（一个字长）以及无限个触点（常开和常闭）。触点可以用无限多次。定时器将 PLC 内的 1 ms、10 ms、100 ms 等的时钟脉冲相加，当它的当前值等于设定值时，定时器的输出触点动作。定时器的设定值可由常数 K 或数据寄存器 D 中的数值设定。PLC 内的定时器的地址号见表 8-1（地址号以十进制数分配）。

表 8-1　定时器

100 ms 型 0.1~3276.7 s	10 ms 型 0.01~327.67 s	1 ms 累计型 0.001~32.767 s	100 ms 累计型 0.1~3276.7 s
T0~T199 200 点	T200~T245 46 点	T246~T249 4 点 执行中断的保持用	T250~T255 6 点 保持用
子程序 T192~T199			

1. 普通定时器

如图 8-3 所示，当 X000 接通时，驱动 T0 线圈，则 T0 用当前值寄存器将 100 ms 的时钟脉冲相加计数，当等于设定值 K1000 时，定时器的输出触点就动作，也即输出触点是线圈驱动后 100 s 动作，起到延时的作用。当 X000 断开时，定时器的当前值复位为零，触点复位。不同的定时器的时钟脉冲延时的范围和精度不同，见表 8-1。

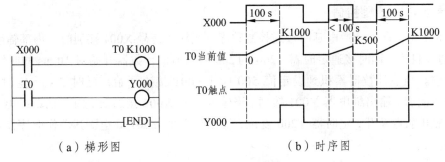

（a）梯形图　　　　　　　（b）时序图

图 8-3　普通定时器

2. 累计定时器

如果累计定时器线圈 T250 的驱动输入 X001 接通，则 T250 用的当前值计数器将 100 ms 的时钟脉冲相加计算。如果当前值等于设定值 K1000，则定时器的输出触点动作。在计算过程中，即使输入 X001 断开，当前值不会复位，当再次接通时，从上一次断电时保留的数据继续计时，当计时时间等于设定值 K1000 时，定时器的输出触点动作，使输出继电器 Y001 动作。当 X002 接通时，定时器复位，输出触点复位。其动作时序图如图 8-4（b）所示。1 ms 时钟脉冲的定时器是采用中断方式工作的。

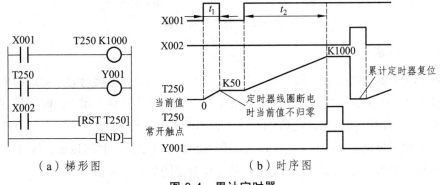

（a）梯形图　　　　　　　（b）时序图

图 8-4　累计定时器

3. 注意事项

（1）在子程序与中断程序内采用 T192～T199 定时器。这种计时器在执行线圈指令或执行 END 指令时计时。如果计时达到设定值，则在执行线圈指令或 END 指令时输出触点动作。普通计时器只在执行线圈指令时计时。因此如果仅在某种条件下执行线圈指令的子程序内使用，就不计时，不能正常动作。

（2）如果在子程序或中断程序内采用 1 ms 累计定时器，在其达到设定值后，必须注意的是，在执行最初的线圈指令时，输出触点动作。

4. 通电延时控制方法

延时控制就是利用 PLC 的定时器和其他元件构成各种时间控制，这是各类控制系统经常用到的功能。在 FX$_{2N}$ 系列 PLC 中定时器为通电延时型，定时器的输入信号接通后，定时器的当前值计数器开始对其相应的时钟脉冲计数，当该值与设定值相等时，定时器输出，常开触点闭合，常闭触点断开。

1）通电延时接通控制

如图 8-5（a）所示为通电延时接通控制程序，当输入信号 X001 接通时，内部辅助继电器 M100 接通并自锁，同时接通定时器 T200，T200 的当前值计数器开始对 10 ms 的时钟脉冲进行累积计数。当该计数器累积到设定值 500 时（X001 接通开始，延时 5 s），定时器 T200 的常开触点闭合，输出继电器 Y001 接通。当输入信号 X002 接通时，内部辅助继电器 M100 断电，其常开触点断开，定时器 T200 复位，输出继电器 Y001 断电。其动作时序图如图 8-5（b）所示。

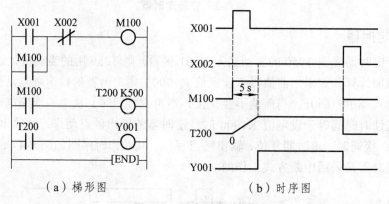

（a）梯形图　　　　　　　（b）时序图

图 8-5　通电延时接通

2）通电延时断开控制

图 8-6（a）所示为通电延时断开控制程序，当输入信号 X001 接通时，辅助继电器 M100 及输出继电器 Y001 接通并自锁，内部辅助继电器 M100 的常开触点闭合，时间继电器 T0 接通开始计时，当计时时间到达设定值 100 时（即 X001 闭合开始计时 10 s），定时器 T0 的常闭触点断开，输出继电器 Y001 断电。输入信号 X002 可以在任一时间接通，接通后 M100 断电，其常开触点断开，定时器 T0 被复位。其动作时序图如图 8-6（b）所示。

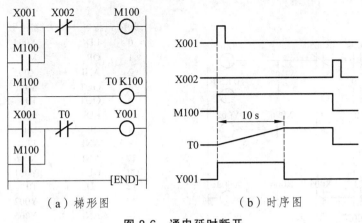

（a）梯形图　　　　　　　　　（b）时序图

图 8-6　通电延时断开

8.4　任务实施

1. I/O 分配表

分析上述项目控制要求，可确定 PLC 需要 1 个输入点连接启动按钮，1 个输入点连接停止按钮，1 个输入点连接急停按钮，1 个输出点连接接触器 KM1 以控制被控电动机 M1，一个输出点连接接触器 KM2 以控制被控电动机 M2。其 I/O 分配表如表 8-2 所示。

表 8-2　I/O 分配表

输入			输出		
输入继电器	输入元件	作用	输出继电器	输出元件	作用
X006	SB1	急停按钮	Y001	KM1	电动机 M1
X004	SB2	启动按钮	Y002	KM2	电动机 M2
X005	SB3	停止按钮			

2. 编　程

根据表 8-2 及图 8-2 可知，当启动按钮 SB2 被按下时，输入继电器 X004 接通，输出继电器 Y001 置 1，电动机 M1 开始运行，经过 5 s 的延时后，输出继电器 Y002 置 1，第二台电动机 M2 运行。当按下停止按钮 SB3 时，输入继电器 X005 接通，输出继电器 Y002 置 0，第二台电动机 M2 停止运行，经过 10 s 的延时后，输出继电器 Y001 置 0，第一台电动机 M1 停止运行。当按下急停按钮 SB1 时，KM1 和 KM2 失电，电动机 M1 与 M2 停止运行，以防止事故发生。梯形图与指令表如图 8-7 所示。

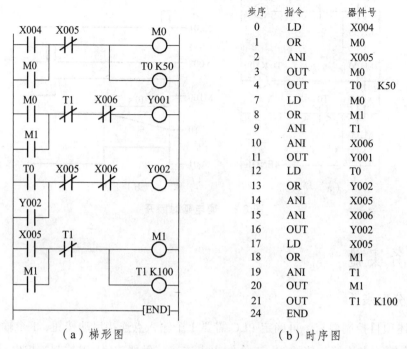

步序	指令	器件号
0	LD	X004
1	OR	M0
2	ANI	X005
3	OUT	M0
4	OUT	T0 K50
7	LD	M0
8	OR	M1
9	ANI	T1
10	ANI	X006
11	OUT	Y001
12	LD	T0
13	OR	Y002
14	ANI	X005
15	ANI	X006
16	OUT	Y002
17	LD	X005
18	OR	M1
19	ANI	T1
20	OUT	M1
21	OUT	T1 K100
24	END	

（a）梯形图　　　　　　　　　　　　（b）时序图

图 8-7　梯形图与指令表

3. 硬件接线

该任务的外部接线图如图 8-8 所示。

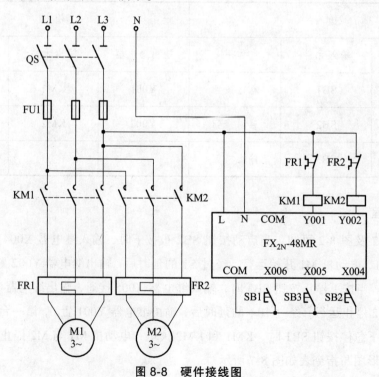

图 8-8　硬件接线图

8.5 知识拓展

1. 定时器的动作细节和定时精度

普通定时器的工作时序如图 8-9 所示。定时器在其线圈被驱动后开始计时，达到设定值后，在执行第一线圈指令时，其输出触点动作。从驱动定时器线圈到其触点动作的时间称为定时器触点动作精度时间 t。$t = T + T_0 - \alpha$，式中，T 为定时器设定时间，单位为 s；T_0 为扫描周期，单位为 s；α 为定时器时钟周期，1 ms、10 ms、100 ms 的定时器对应为 0.001 s、0.01 s、0.1 s。如果编程时定时器触点写在线圈指令之前，在最坏的情况下，定时器输出触点动作的误差为 $+ 2T_0$。

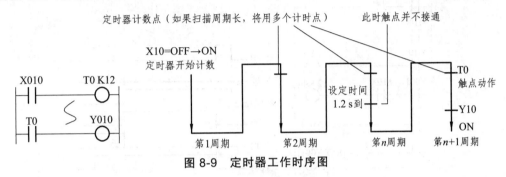

图 8-9　定时器工作时序图

当定时器的设定值为零时，在下一扫描周期执行线圈指令时输出触点动作。另外，1 ms 定时器在执行线圈指令后，以中断方式对 1 ms 时钟脉冲计数。

2. 其他几种延时控制方式

1）断电延时断开控制

在继电器接触器控制方式中经常用到断电延时，而 PLC 中的定时器只有通电延时功能，可以利用软件编程来实现断电延时功能，如图 8-10 所示。

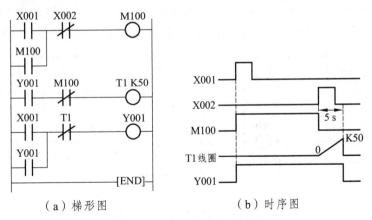

（a）梯形图　　　　　（b）时序图

图 8-10　断电延时断开控制

当输入信号 X001 接通时，输出继电器 Y001 和内部辅助继电器 M100 同时接通并均实现自锁。当输入信号 X002 接通时，内部辅助继电器 M100 断电，其常闭触点闭合，输出继电器 Y001 保持接通状态，时间继电器 T1 开始计时。当计时时间到达设定值 K50 时（从 X002

接通开始计时 5 s），输出继电器 Y001 断电，Y001 的常开触点断开，定时器 T1 也被复位。这样就实现了按下停止按钮 X002 后，输出继电器 Y001 延时 5 s 断开的功能。

2）通电延时接通断电延时断开控制

如图 8-11 所示为通电延时接通断电延时断开控制程序。当时输入信号 X001 接通时，辅助继电器 M100 接通并自锁，时间继电器 T1 开始计时，2 s 后定时器 T1 的常开触点闭合，将输出继电器 Y001 置位；当输入信号 X002 接通时，辅助继电器 M100 断开，时间继电器 T2 开始计时，4 s 后 T2 常开触点闭合，将输出继电器 Y001 复位。

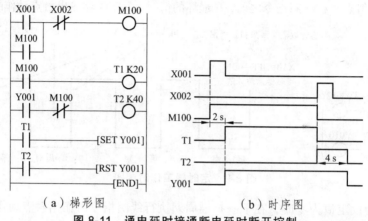

（a）梯形图　　　　　　　（b）时序图

图 8-11　通电延时接通断电延时断开控制

3）长时间延时控制

FX$_{2N}$ 系列 PLC 定时器的最长定时时间为 3 276.7 s，如果需要更长的定时时间，可以采用计数器、多个定时器组合或者定时器与计数器组合来实现。

（1）用计数器实现：如图 8-12 所示为计数器长延时控制程序，以特殊辅助继电器 M8014（1 min 时钟）作为计数器 C1 的输入脉冲信号，这样延时时间就是若干分钟（如图 8-12 中为 1 440 个脉冲，即 1 440 min）。如果一个计数器不能满足要求，可以将多个计数器串联使用，即用前一个计数器作为后一个计数器的脉冲输入信号，实现更大倍数的时间延时。

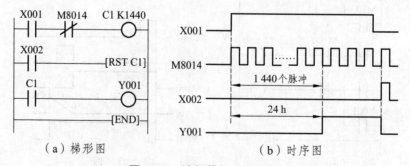

（a）梯形图　　　　　　　（b）时序图

图 8-12　计数器长延时控制

（2）用多个定时器组合实现：如图 8-13 所示为多个定时器组合延时控制程序。当 X001 接通，T1 线圈得电并延时（2 400 s），延时到 T1 常开触点闭合，又使 T2 线圈得电，并开始延时（2 400 s），当定时器 T2 延时时间到，其常开触点闭合，才使 Y001 接通，因此，从 X001 接通到 Y001 接通共延时 80 min。

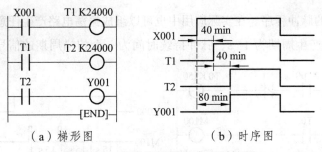

（a）梯形图　　　　　（b）时序图

图 8-13　多个定时器组合延时控制

（3）用定时器与计数器的组合实现：如图 8-14 所示为定时器与计数器组合的延时控制程序。当 X000 的常闭触点闭合时，T0 和 C0 复位不工作。当 X000 的常开触点闭合时，T0 开始定时，3 000 s 后 T0 定时时间到，其常闭触点断开，T0 复位，复位后 T0 的当前值变为 0，同时它的常闭触点接通，使它自己的线圈重新通电，又开始定时。T0 将这样周而复始地工作，直到 X000 变为 "OFF"。从分析中可以看出，图 8-14 中最上面一行电路是一个脉冲信号发生器，脉冲周期等于 T0 的设定值。产生的脉冲序列送给 C0 计数，计满 30 000 个数后，C0 的当前值等于设定值，它的常开触点闭合，Y000 开始输出。因此，从 X000 接通到 Y000 接通共延时 25 000 h。

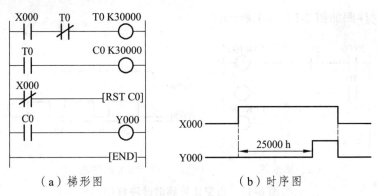

（a）梯形图　　　　　（b）时序图

图 8-14　定时器与计数器的组合延时控制

4）脉冲产生程序

（1）固定脉冲程序。FX$_{2N}$ 系列 PLC 的特殊辅助继电器 M8011～M8014 分别可以产生占空比为 1/2，脉冲周期为 10 ms、100 ms、1 s 和 1 min 的时钟信号，如果需要可以直接应用。图 8-15 所示梯形图中，用 M8013 的常开触点控制输出继电器 Y000，用 M8014 的常开触点控制输出继电器 Y001。

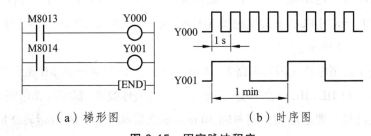

（a）梯形图　　　　　（b）时序图

图 8-15　固定脉冲程序

（2）任意周期的脉冲程序。在实际应用中也可以组成振荡电路产生任意周期的脉冲信号。如图 8-16 所示程序产生周期为 15 s、脉冲持续时间为一个扫描周期的信号。

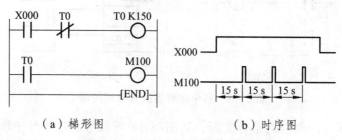

（a）梯形图   （b）时序图

图 8-16   占空比固定的脉冲程序

（3）如果想产生一个占空比可调的任意周期的脉冲信号则需要两个定时器。脉冲信号的低电平时间为 10 s，高电平时间为 20 s 的程序如图 8-17（a）所示。当 X000 接通时，T0 线圈通电延时，Y000 断电；T0 延时 10 s 时间到，T0 触点闭合，Y000 通电，T1 线圈通电延时；T1 延时 20 s 时间到，T1 常闭触点断开，T0 线圈断电复位，Y000 断电。T1 线圈断电复位，T1 触点闭合，T0 线圈再次通电延时。因此，输出继电器 Y000 周期性通电 20 s、断电 10 s。各元件动作的时序图如图 8-17（b）所示。

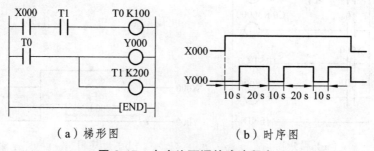

（a）梯形图   （b）时序图

图 8-17   占空比可调的脉冲程序

思考与练习

1. 题图 8-1 所示为两台电动机顺序启动逆序停止控制电路，当按下 SB2 时电动机 M1 启动，当按下 SB4 时，电动机 M2 启动，用按钮实现顺序启动；当按下按钮 SB3 时电动机 M2 停止，当按下 SB1 时，电动机 M1 停止，如果先按下 SB1，电动机 M1 与 M2 均不会停止，从而实现逆序停止。试用 PLC 来实现题图 8-1 所示的两台电动机顺序启动逆序停止控制，其控制时序图如题图 8-2 所示。

2. 试设计一个振荡电路（闪烁电路），其要求如下：X000 外接的 SB 是自带自锁的按钮，如果 Y000 外接指示灯 HL，HL 就会产生亮 3 s、灭 2 s 的闪烁效果。试编写梯形图并画出时序图。

3. 有三台电动机，要求启动时间每隔 10 min 依次启动一台，每台运转 2 h 后自动停机；运行中还可以用停止按钮将三台电动机同时停机。试编写 PLC 控制程序。

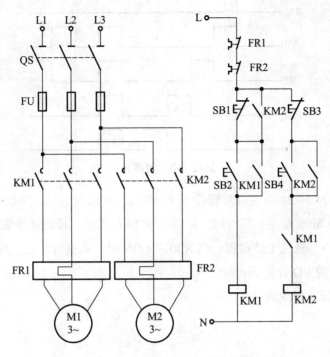

题图 8-1 两台电动机顺序启动逆序停止控制

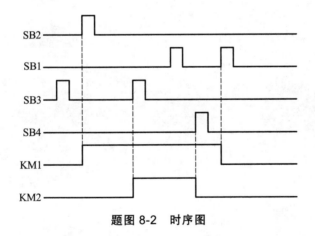

题图 8-2 时序图

4. 某皮带运输机由 M1、M2、M3、M4 四台电动机拖动,要求:

(1)启动时,按 M1→M2→M3→M4 顺序启动,间隔均为 3 s;

(2)停止时,按 M4→M3→M2→M1 顺序停止,间隔也为 3 s。

试编写 PLC 控制程序。

5. 一台电动机运转 20 s 后停止 5 s,重复如此动作 5 次,试编写 PLC 控制程序。

6. 某广告招牌有 4 个灯,要求动作时序如题图 8-3 所示,循环进行,当按下停止按钮时能马上停止。试编写 PLC 控制程序。

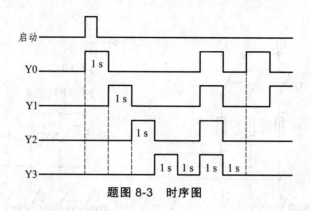

题图 8-3　时序图

7. 现有 L1～L24 共 24 盏霓虹灯管接于 K8Y000，要求当 X000 为 ON 时，霓虹灯 L1～L16 以正序每隔 1 s 轮流点亮，当 Y027 亮后，停 1 s；然后，反向逆序隔 1 s 轮流点亮，当 Y000 再亮后，停 1 s，重复上述过程。当 X001 为 ON 时，霓虹灯停止工作。

（1）写出 PLC 的 I/O 分配表；

（2）写出梯形图及指令表。

任务 9　Y-△降压启动控制

9.1　教学指南

9.1.1　知识目标

掌握主控指令的应用，了解堆栈指令与主控指令的异同点。

9.1.2　能力目标

能利用主控指令编写有公共串联触点的梯形图，并能将其应用于 Y-△启动的可逆运行电路、电动机控制电路、十字路口交通灯控制电路等。

9.1.3　任务要求

以 Y-△降压启动控制为载体，学习主控触点指令，并完成 Y-△降压启动控制程序的编写。

9.1.4　相关知识点

主控指令。

9.1.5　教学实施方法

（1）项目教学法。
（2）行动导向法。

9.2　任务引入

图 9-1 是三相异步电动机 Y-△降压启动控制原理图，当按下启动按钮 SB2 时，交流接触器线圈 KM 通电并自锁，同时 KM$_Y$ 线圈以及时间继电器 KT 线圈通电，电动机按照星形连接方式启动。当时间继电器 KT 计时时间（3 s）到时，KT 的延时常开触点闭合，使 KM$_△$ 线圈通电并自锁，同时 KT 的延时常闭触点断开，切断 KM$_Y$ 的线圈，此时 KM 与 KM$_△$ 同时通电，切换为三角形运行方式。图 9-2 所示为三相异步电动机 Y-△降压启动控制时序图。

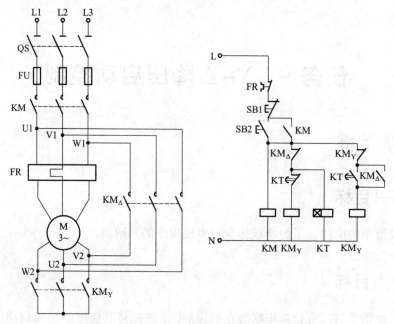

图 9-1 三相异步电动机 Y-△ 降压启动控制

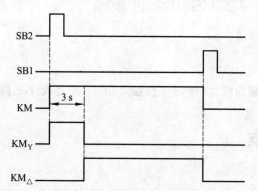

图 9-2 三相异步电动机 Y-△ 降压启动控制时序图

利用 PLC 基本指令中的主控指令可以实现上述控制要求。

9.3 相关知识点

1. 助记符与功能

表 9.1 所示为主控指令的助记符与功能。

表 9-1 主控指令

助记符	名称	功能	梯形图	可用软元件	程序步
MC	主控	公共串联触点的连接	X000 ⊣⊢ ────[MC N M/Y] ⊢ M除特殊辅助继电器以外	Y、M（特俗辅助继电器除外）	3
MCR	主控复位	公共串联触点的清除	────[END]	无	2

2. 指令功能说明

（1）主控指令必须有条件，当条件具备时，执行该主控段内的程序；条件不具备时，不执行该主控段内的程序。此时该主控段内的累计定时器、计数器、用复位/置位指令驱动的内部元件保持其原来状态；常规定时器和用 OUT 指令驱动的内部元件状态均变为 OFF 状态。

（2）MC 指令后，母线（LD、LDI 点）移到主控触点后，MCR 指令为将其返回原母线的指令。

（3）通过更改软元件地址号，Y、M 可多次使用主控指令，但不同的主控指令不能使用同一软元件地址号，否则就是双线圈输出。

在编程时，经常会遇到多个线圈同时受一个或一组触点控制的情况，如果每个线圈的控制电路都串入同样的触点，将占用很多存储单元，如图 9-3 所示。

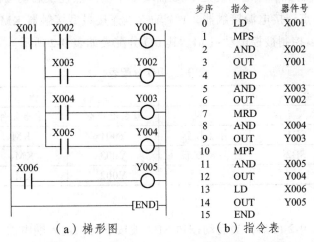

步序	指令	器件号
0	LD	X001
1	MPS	
2	AND	X002
3	OUT	Y001
4	MRD	
5	AND	X003
6	OUT	Y002
7	MRD	
8	AND	X004
9	OUT	Y003
10	MPP	
11	AND	X005
12	OUT	Y004
13	LD	X006
14	OUT	Y005
15	END	

（a）梯形图 （b）指令表

图 9-3　多个线圈受一个触点控制的普通编程方法

MC、MCR 指令可以解决这一问题。使用主控指令的触点称为主控触点。MC、MCR 指令的应用如图 9-4 所示，当输入信号 X001 接通时，主控触点 M0 闭合，直接执行 MC 到 MCR

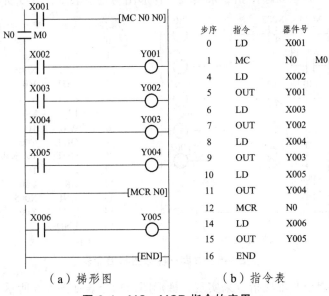

步序	指令	器件号	
0	LD	X001	
1	MC	N0	M0
4	LD	X002	
5	OUT	Y001	
6	LD	X003	
7	OUT	Y002	
8	LD	X004	
9	OUT	Y003	
10	LD	X005	
11	OUT	Y004	
12	MCR	N0	
14	LD	X006	
15	OUT	Y005	
16	END		

（a）梯形图　　　（b）指令表

图 9-4　MC、MCR 指令的应用

之间的指令。而当常开触点 X001 断开时，主控触点 M0 断开，不执行 MC 到 MCR 之间的指令，此时无论 X002、X003、X004、X005 的状态为断开还是闭合，输出继电器 Y001、Y002、Y003、Y004 全部处于 "OFF" 状态。输出线圈 Y005 不在主控范围内，所以其触点的状态不受主控触点的限制，仅取决于 X006 的通断。

9.4 任务实施

1. I/O 分配表

分析上述项目控制要求，可以确定 PLC 需要 1 个输入点连接启动按钮，1 个输入点连接停止按钮，1 个输出点连接电源接触器，1 个输出点连接星型接触器 KM$_Y$，一个输出点连接三角形接触器 KM$_\triangle$ 以控制被控电动机 M。其 I/O 分配表如表 9-2 所示。

表 9-2　I/O 分配表

输　　入			输　　出		
输入继电器	输入元件	作用	输出继电器	输出元件	作用
X005	SB1	停止按钮	Y001	KM	主电源启动
X004	SB2	启动按钮	Y003	KM$_Y$	星形启动
			Y002	KM$_\triangle$	三角形启动

2. 编　程

根据表 9-2 及图 9-2 可知，当启动按钮 SB2 被按下时，输入继电器 X004 接通，输出继电器 Y001 置 1，同时输出继电器 Y003 置 1，电动机 M 以星形方式运行，经过 3 s 的延时后，输出继电器 Y002 置 1，电动机以三角形方式运行。当按下停止按钮 SB1 时，输入继电器 X005 接通，输出继电器 Y002 置 0，Y001 置 0。我们可以用三种方案来实现上述控制要求。

（1）使用串联、并联及输出指令来实现。梯形图与指令表如图 9-5 所示。

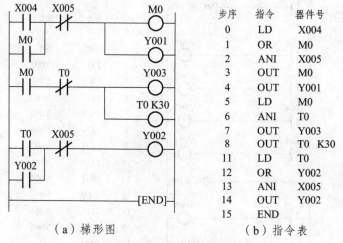

步序	指令	器件号
0	LD	X004
1	OR	M0
2	ANI	X005
3	OUT	M0
4	OUT	Y001
5	LD	M0
6	ANI	T0
7	OUT	Y003
8	OUT	T0 K30
11	LD	T0
12	OR	Y002
13	ANI	X005
14	OUT	Y002
15	END	

　　　（a）梯形图　　　　　　　　（b）指令表

图 9-5　方案一梯形图与指令表

（2）使用块与指令及堆栈指令来实现，梯形图与指令表如图 9-6 所示。

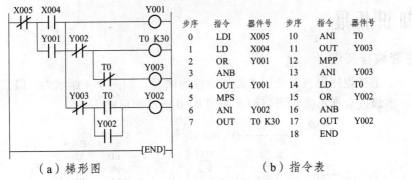

步序	指令	器件号	步序	指令	器件号
0	LDI	X005	10	ANI	T0
1	LD	X004	11	OUT	Y003
2	OR	Y001	12	MPP	
3	ANB		13	ANI	Y003
4	OUT	Y001	14	LD	T0
5	MPS		15	OR	Y002
6	ANI	Y002	16	ANB	
7	OUT	T0 K30	17	OUT	Y002
			18	END	

（a）梯形图 　　　　　（b）指令表

图 9-6　方案二梯形图与指令表

（3）用主控指令来实现。梯形图与指令表如图 9-7 所示。

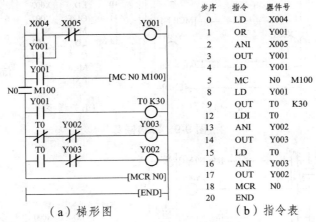

步序	指令	器件号
0	LD	X004
1	OR	Y001
2	ANI	X005
3	OUT	Y001
4	LD	Y001
5	MC	N0 M100
8	LD	Y001
9	OUT	T0 K30
12	LDI	T0
13	ANI	Y002
14	OUT	Y003
15	LD	T0
16	ANI	Y003
17	OUT	Y002
18	MCR	N0
20	END	

（a）梯形图 　　　　　（b）指令表

图 9-7　方案三梯形图与指令表

3. 硬件接线

该任务的外部接线图如图 9-8 所示。

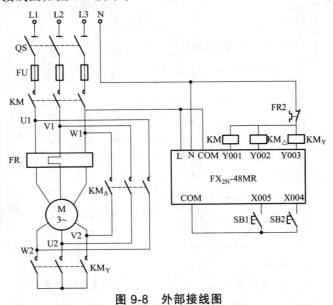

图 9-8　外部接线图

9.5 知识拓展

1. 嵌套编程实例

在同一个主控程序中再次使用主控指令称为嵌套。如图 9-9 所示为二级嵌套的主控程序与指令表，多级嵌套梯形图也可以画成如图 9-10 所示的形式。

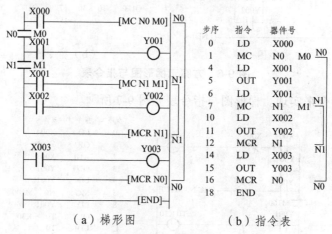

（a）梯形图　　　（b）指令表

图 9-9　二级嵌套

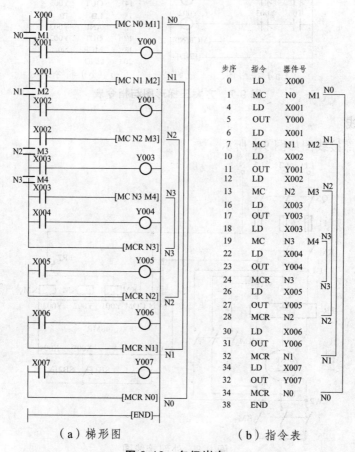

（a）梯形图　　　（b）指令表

图 9-10　多级嵌套

2. 无嵌套编程实例

在没有嵌套级时，主控指令梯形图如图 9-11 所示。从理论上说嵌套级 N0 可以使用无数次。

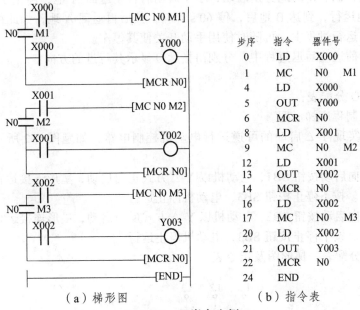

步序	指令	器件号	
0	LD	X000	
1	MC	N0	M1
4	LD	X000	
5	OUT	Y000	
6	MCR	N0	
8	LD	X001	
9	MC	N0	M2
12	LD	X001	
13	OUT	Y002	
14	MCR	N0	
16	LD	X002	
17	MC	N0	M3
20	LD	X002	
21	OUT	Y003	
22	MCR	N0	
24	END		

（a）梯形图　　　　　　（b）指令表

图 9-11　无嵌套实例

3. 主控指令补充说明

（1）在主控程序中，如果没有嵌套接头，通常使用 N0 编程，且 N0 的使用次数不受限制。

（2）在有嵌套的主控程序中，嵌套级数 N 的编号依次由小到大，即 N0→N1→N2→N3→N4→N5→N6→N7；总共有八级嵌套，所以使用嵌套时不能超越级数限制。

（3）嵌套程序复位时，由大到小依次复位。

思考与练习

1. 用 PLC 实现十字路口交通灯控制。十字路口南北及东西向均设有红、黄、绿三只信号灯，六支信号灯依一定的时序循环往复工作。题图 9-1 所示为交通灯的时序图。

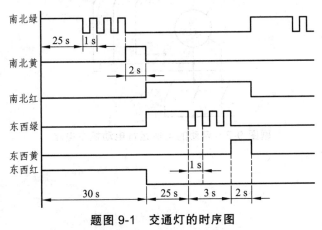

题图 9-1　交通灯的时序图

2. 用 PLC 控制运料小车运动。

控制过程：

（1）小车能在 A、B 两地分别启动，小车启动后自动返回 A 地，停止 100 s 等待装料，然后自动向 B 地运行，到达 B 地后，停 60 s 卸料，然后再返回 A 地，如此往复。

（2）小车在运行过程中，可随时使用手动开关使其停车。

（3）小车在前进或后退过程中，分别由指示灯显示其行进的方向。

要求：

（1）列出 I/O 分配表；

（2）作出控制程序梯形图。

3. 用 PLC 实现 Y-△ 启动的可逆运行电动机控制电路，如题图 9-2 所示。其控制要求如下：

（1）按下正向启动按钮 SB1，电动机以 Y-△ 方式正向启动，星形连接运行 30 s 后转化为三角形连接运行。按下停止按钮 SB3，电动机停止运行。

（2）按下反向启动按钮 SB2，电动机以 Y-△ 方式反向启动，星形连接运行 30 s 后转化为三角形连接运行。按下停止按钮 SB3，电动机停止运行。

试列出 I/O 分配表、梯形图及指令表。

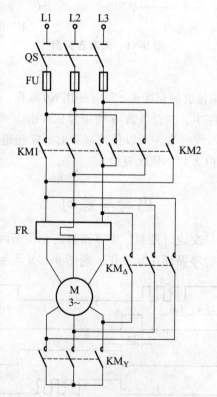

题图 9-2　启动的可逆运行电动机主电路

任务 10　小车往复运动控制

10.1　教学指南

10.1.1　知识目标

掌握微分指令、取反指令及空操作指令的应用。

10.1.2　能力目标

能利用所学的指令编写梯形图完成常用的逻辑功能，如三台电机的循环启停运转控制、分频电路等。

10.1.3　任务要求

以小车往复运动控制为载体，学习微分输出、取反及空操作指令，并完成小车往复运动控制程序的编写。

10.1.4　相关知识点

微分指令、取反指令及空操作指令。

10.1.5　教学实施方法

（1）项目教学法。
（2）行动导向法。

10.2　任务引入

图 10-1 所示为小车往复运动示意图，当按下启动按钮后，小车从 B 地运行到 A 地，当碰触 A 地的行程开关 SQ2 后，再自动从 A 地返回 B 地，当到达 B 地时，碰触 B 地的行程开关 SQ1，小车再向 A 地出发，从而实现小车往复运动。图 10-2 所示为小车往复运动控制原理图，当按下启动按钮 SB2 时，交流接触器线圈 KM1 通电并自锁，电动机正转（小车从 B 运动到 A），当碰触行程开关 SQ2 时，SQ2 常闭辅助触点断开、常开辅助触点闭合，使交流接触器线圈 KM1 断电，电动机停止正转，同时交流接触器线圈 KM2 通电并自锁，实现电动机反转（小车从 A 运动到 B），小车依此往复运动。当按下停止按钮 SB1 时，交流接触器线圈 KM1/KM2 断电，小车停止运动。

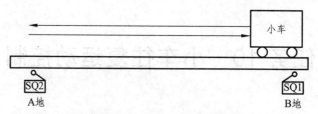

图 10-1　小车往复运动示意图

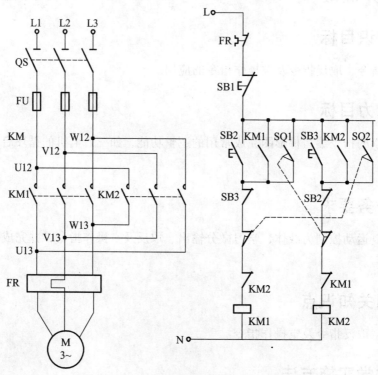

图 10-2　小车往复运动控制原理图

项目要求运用 PLC 来实现小车往复运动控制，我们可以使用脉冲指令来实现该控制要求。

10.3　相关知识点

1. 助记符与功能

微分指令助记符与功能如表 10-1 所示。

表 10-1　微分指令助记符与功能

助记符	名称	功能	梯形图	可用软元件	程序步
PLS	上升沿脉冲	上升沿微分输出	┤├──────[PLS M/Y]┤ 除特殊辅助 M 以外	Y、M（特殊辅助继电器除外）	1
PLF	下降沿脉冲	下降沿微分输出	┤├──────[PLF M/Y]┤ 除特殊辅助 M 以外	Y、M（特殊辅助继电器除外）	1

2. 指令功能说明

1）PLS 指令

使用 PLS 指令时，仅在驱动输入为 ON 后的一个扫描周期内，软元件 Y、M 动作。PLS 指令的编程实例如图 10-3 所示，当输入信号 X001 接通时，辅助继电器 M0 接通一个扫描周期，通过置位指令，使输出继电器 Y001 置 1；当输入信号 X002 接通时，通过复位指令使 Y001 复位（置 0）。

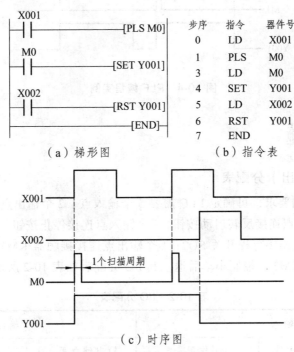

图 10-3　PLS 指令编程实例

2）PLF 指令

使用 PLF 指令时，仅在驱动输入为 OFF 后的一个扫描周期内，软元件 Y、M 动作。PLF 指令的编程实例如图 10-4 所示。当输入信号 X001 接通时（由 OFF→ON），辅助继电器 M0 接通一个扫描周期，通过置位指令使输出继电器 Y001 置 1，当输入信号 X002 断开时（由 ON→OFF），M1 接通一个扫描周期，通过复位指令使输出继电器 Y001 置 0。

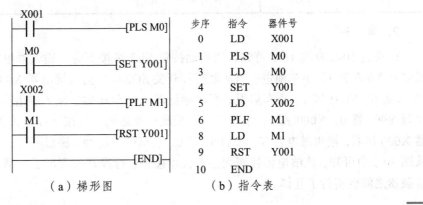

（a）梯形图　　　　　　（b）指令表

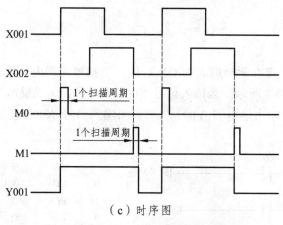

（c）时序图

图 10-4　PLF 编程实例

10.4　任务实施

1. I/O（输入/输出）分配表

分析上述项目控制要求，可确定 PLC 需要 5 个输入点、2 个输出点：1 个输入点连接正转启动按钮，1 个输入点连接反转启动按钮，1 个输入点连接停止按钮，1 个输入点连接行程开关 SQ1，1 个输入点连接行程开关 SQ2；1 个输出点连接接触器 KM1 以控制小车前进，1 个输出点连接接触器 KM2 以控制小车后退。其 I/O 分配表如表 10-2 所示。

表 10-2　I/O 分配表

输入			输出		
输入继电器	输入元件	作用	输出继电器	输出元件	作用
X004	SB2	正转启动按钮	Y000	KM1	小车前行
X005	SB3	反转启动按钮	Y001	KM2	小车后退
X006	SB1	停止按钮			
X007	SQ2	自动控制反转按钮			
X010	SQ1	自动控制正转按钮			

2. 编　程

根据表 10-2 及图 10-2 可知，当启动按钮 SB2 被按下时，输入继电器 X004 接通，输出继电器 Y000 置 1，小车前进；当碰触行程开关 SQ2 时，输入继电器 X007 接通，输出继电器 Y000 置 0，Y001 置 1，小车后退；当碰触行程开关 SQ1 时，输入继电器 X010 接通，输出继电器 Y001 置 0，Y000 置 1，小车前进，依此往复运动。当按下停止按钮 SB1 时，输入继电器 X006 接通，输出继电器 Y000/Y001 置 0，小车停止运动。梯形图与指令表如图 10-5 所示。从图 10-2 中可知，该继电器控制回路不仅用按钮、行程开关实现了互锁，同时小车往返运动接触器之间也实行了互锁。

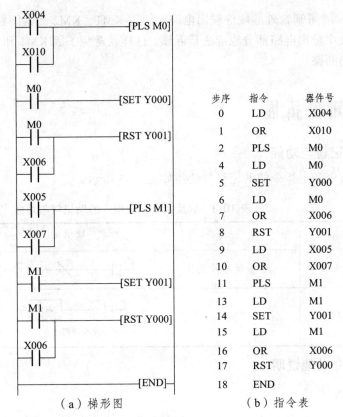

步序	指令	器件号
0	LD	X004
1	OR	X010
2	PLS	M0
4	LD	M0
5	SET	Y000
6	LD	M0
7	OR	X006
8	RST	Y001
9	LD	X005
10	OR	X007
11	PLS	M1
13	LD	M1
14	SET	Y001
15	LD	M1
16	OR	X006
17	RST	Y000
18	END	

（a）梯形图　　　　　　（b）指令表

图 10-5　梯形图与指令表

3. 硬件接线

该任务的外部接线图如图 10-6 所示。

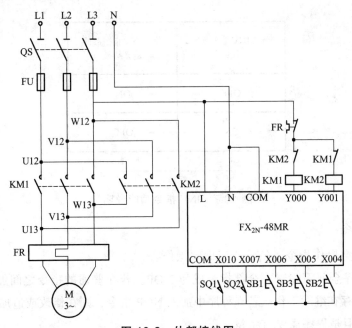

图 10-6　外部接线图

由图 10-6 可知，外部硬件输出电路中使用 KM1、KM2 的常闭触点实现了互锁。因此，在硬件接线中输出电路部分也应进行互锁，这样就避免了因 KM1 和 KM2 的主触点熔焊而引起的主电路断路。

10.5 知识拓展

1. 助记符与功能

取反指令和空指令的助记符与功能如表 10-3 所示。

表 10-3 取反指令和空指令的助记符与功能

助记符	名称	功能	梯形图	可用软元件	程序步
INV	取反	运算结果的反转	┤├———/———( )	无	1
NOP	空操作	无动作	┤├———[NOP]—— 没有回路表示	无	1

2. 指令功能说明

1）INV 指令

该指令是将 INV 指令执行之前的运算结果反转的指令。不需要指定软元件号。INV 指令在梯形图中用一条与水平线成 45°角的短斜线来表示，它将执行该指令之前的结果取反：它前面的运算结果如果为 0，则将其变为 1；运算结果如果为 1，则变为 0。图 10-7 为 INV 指令功能说明。

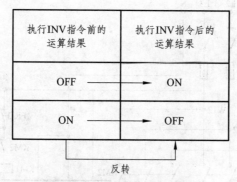

图 10-7 INV 指令功能说明

2）NOP 指令

（1）NOP 为空操作指令，使该步序做空操作。

（2）在将程序全部清除时，全部指令成为 NOP。若在普通的指令之间加入 NOP 指令，则 PLC 将无视其存在继续工作。若在程序中加入 NOP 指令，则在修改或追加程序时，可以减少步号的变化，但是程序需要有余量。

（3）若将已写入的指令换成 NOP 指令，则回路会发生变化。图 10-8 所示为已有指令变更为 NOP 指令时程序结构的变化。

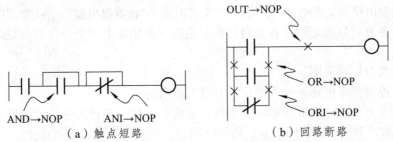

（a）触点短路　　　　　　　　（b）回路断路

图 10-8　已有指令变更为 NOP 指令时程序结构的变化

3. 项目扩展——五组抢答器控制

1）控制要求

五个队参加抢答比赛。比赛规则及所使用的设备如下：设有主持人总台及各个参赛队分台。总台设有总台灯和总台音响、总台开始及总台复位按钮。分台设有分台灯、分台抢答按钮。各队必须在主持人给出题目、说了"开始"并按下"开始"按钮后 10 s 内进行抢答，如果提前抢答，抢答器会报出"违例"信号。若 10 s 时间到，还无人抢答，抢答器将给出应答时间到的信号，该题作废。在有人抢答的情况下，抢答的队必须在 30 s 内完成答题。如果 30 s 内还没有答完，则作答题超时处理。

灯光及音响信号所表示的含义如下：

正常抢得：音响及某分台灯报警和提醒；

违例：音响、某分台灯及总台灯报警和提醒；

无人应答及答题超时：音响及总台灯报警和提醒。

在一个题目回答结束后，主持人按下复位按钮，抢答器恢复原始状态，为第二轮抢答做好准备。

2）I/O 分配表

分析上述项目控制要求，可确定 PLC 需要 7 个输入点、7 个输出点，具体分配见表 10-4。

表 10-4　I/O 分配表

输入		输出		其他	
输入继电器	作用	输出继电器	作用	其他器件	作用
X000	总台复位按钮	Y000	总台音响	M0	公共控制触点继电器
X001	第一分台按钮	Y001	第一分台灯	M1	应答时间辅助继电器
X002	第二分台按钮	Y002	第二分台灯	M2	抢答辅助继电器
X003	第三分台按钮	Y003	第三分台灯	M3	答题时间辅助继电器
X004	第四分台按钮	Y004	第四分台灯	M4	音响启动信号继电器
X005	第五分台按钮	Y005	第五分台灯	T1	应答时限 10 s
X010	总台开始按钮	Y010	总台灯	T2	答题时限 30 s
				T3	音响时限 1 s

3）编　程

本项目的编程思路如下：

（1）先绘制出控制要求中"应答允许""应答时限""抢答继电器""答题时限"等支路。

（2）设计各分台灯梯形图。各分台灯控制功能应确保其中一个分台灯点亮后，其余分台灯均不能点亮。

（3）设计总台灯梯形图。

由总台灯控制要求可知，梯形图应具有以下四项内容：

① M2 的常开和 M1 的常开串联：主持人未按开始按钮即有人抢答，视为违例。

② T1 的常开和 M2 的常闭串联：应答时间到，但无人抢答，本题作废。

③ T2 的常开和 M2 的常开串联：答题超时。

④ Y010 常开：自锁触点。

（4）设计总台音响。

总台音响梯形图的结构本来可以和总台灯一样，但为了缩短音响的时间（设定为 1 s），在音响的输出条件中加入了启动信号的脉冲处理环节。

（5）最后解决复位功能。

梯形图如图 10-9 所示，指令表如图 10-10 所示。

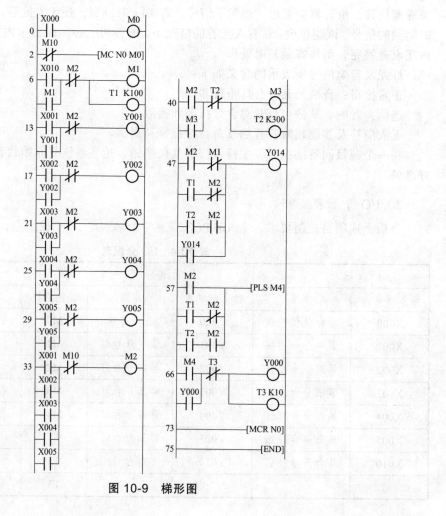

图 10-9　梯形图

步序	指令	器件号	步序	指令	器件号	步序	指令	器件号	步序	指令	器件号
0	LD	X000	21	LD	X003	38	ANI	M10	57	LD	M2
1	OUT	M0	22	OR	Y003	39	OUT	M2	58	LD	T1
2	LDI	M10	23	ANI	M2	40	LD	M3	59	ANI	M2
3	MC	N0 M0	24	OUT	Y003	41	OR	M3	60	ORB	
6	LD	X010	25	LD	X004	42	ANI	T2	61	LD	T2
7	OR	M1	26	OR	Y004	43	OUT	M3	62	AND	M2
8	ANI	M2	27	ANI	M2	44	OUT	T2 K300	63	ORB	
9	OUT	M1	28	OUT	Y004	47	LD	M2	64	PLS	M4
10	OUT	T1 K100	29	LD	X005	48	ANI	M1	66	LD	M4
13	LD	X001	30	OR	Y005	49	LD	T1	67	OR	Y000
14	OR	Y001	31	ANI	M2	50	ANI	M2	68	ANI	T3
15	ANI	M2	32	OUT	Y005	51	ORB		69	OUT	Y000
16	OUT	Y001	33	LD	X001	52	LD	T2	70	OUT	T3 K10
17	LD	X002	34	OR	X002	53	AND	M2	73	MCR	N0
18	OR	Y002	35	OR	X003	54	ORB		75	END	
19	ANI	M2	36	OR	X004	55	OR	Y014			
20	OUT	Y002	37	OR	X005	56	OUT	Y014			

图 10-10　指令表

4）硬件接线

该任务的外部接线图如图 10-11 所示。

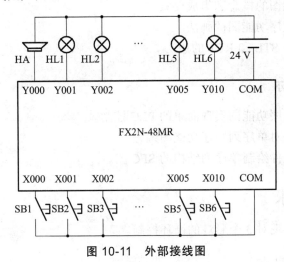

图 10-11　外部接线图

思考与练习

1. 用 PLC 实现电动机连续运转控制并要求当电动机过载时能够自动报警。

2. 用 PLC 实现对输入信号的任意分频。题图 10-1 所示为其控制时序图，请设计梯形图。

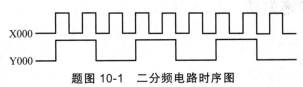

题图 10-1　二分频电路时序图

3. 用 PLC 实现三台电动机的循环启动控制。其控制要求如下：三台电动机接于 Y000、Y001、Y002，要求它们相隔 5 s 启动，各运行 10 s 停止。试完成其接线图、I/O 分配表以及梯形图及指令表。

项目 3　顺序控制系统的设计与实现

任务 11　彩灯循环控制

11.1　教学指南

11.1.1　知识目标

（1）掌握顺序功能图的概念和组成要素。

（2）掌握单序列顺序功能图的画法。

（3）掌握步进指令 STL 和 RET 的用法。

11.1.2　能力目标

（1）能用单序列顺序功能图实现简单的 PLC 控制。

（2）能用步进指令对单序列顺序功能图编程。

（3）能利用编程软件绘制单序列结构的 SFC 图。

11.1.3　任务要求

利用顺序设计法实现对 3 个彩灯的循环控制。

11.1.4　相关知识点

（1）顺序功能图的概念和组成要素。

（2）顺序功能图的类型。

（3）步进指令 STL 和 RET 的用法。

11.1.5　教学实施方法

（1）项目教学法。

（2）行动导向法。

11.2　任务引入

PLC 的程序设计方法一般包括根据继电器电路图设计梯形图的方法、经验设计法、逻辑设计法和顺序控制设计法。

根据继电器电路图设计梯形图的方法是一种直接将继电器电路图"翻译"成梯形图的方法，其优点是被"翻译"的继电器电路图经过长期使用和考验能完成控制要求，可靠性高，不需改变控制面板，操作人员也不用改变长期形成的操作习惯；其缺点是只适合于较简单的控制电路，且需要有现成的继电器电路图可供"翻译"。

经验设计法是将实际问题分解成典型电路，然后用典型电路或修改典型电路拼凑梯形图。控制问题较简单时，该方法高效快速。但问题较复杂时，难免会出现设计漏洞，有些漏洞甚至是灾难性的。

逻辑设计法是使用逻辑表达式描述实际问题，在得出逻辑表达式后画梯形图。这种方法在纯粹开关量控制系统中非常好用，因为纯粹条件控制系统相当于组合逻辑电路，表达式容易得到，但在涉及时间等模拟量的系统时会显得异常复杂。

顺序控制设计法是一种先进的 PLC 程序设计法。所谓顺序控制就是针对顺序控制系统，按照生产工艺预先规定的顺序，在各个输入信号的作用下，根据内部状态和时间的顺序，在生产过程中各个执行机构自动地、有秩序地进行操作。如果一个控制系统可以分解成几个独立的控制动作，且这些动作必须严格按照一定的先后次序执行才能保证生产过程的正常进行，那么这种控制系统就称为顺序控制。

11.3　相关知识点

11.3.1　顺序功能图的概念和组成要素

功能图又称流程图，是描述控制系统的控制过程、功能和特性的一种图形，如图 11-1 所示。功能图不涉及所描述系统的具体技术，它是一种通用的技术语言。功能图是设计顺序控制系统的有力工具。各 PLC 生产厂家开发了相应的功能图。我国于 1986 年制定了功能图的国家标准（GB 6986.6—1986）。

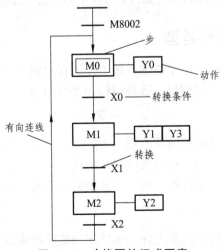

图 11-1　功能图的组成要素

功能图由"步""动作""转换""转换条件"和"有向连线"等要素组成。

1. 步

（1）分析被控对象的工作过程及控制要求，将系统的工作过程划分成若干阶段，每个阶段称为"步"。"步"在 PLC 指令程序中也称为状态，在功能图上用线框表示，如图 11-1 所示。

（2）编程时一般用 PLC 内部的软元件代表"步"，如图 11-1 所示，用辅助继电器 M0、M1 和 M2 表示。

（3）当系统正工作于某一"步"时，该步处于活动状态，称为"活动步"。

（4）控制过程刚开始阶段的"活动步"与系统的初始状态相对应，称为"初始步"，一般用双线框表示。每个功能图至少应有一个"初始步"，如图 11-1 中的 M0。

2. 动 作

（1）"动作"是指某"步"为"活动步"时，PLC 向被控对象发出的命令，或被控对象应该执行的动作，一般用执行该命令的软元件表示，也可以用文字或符号表示。图 11-1 中步 M0 对应的动作用执行该命令的软元件 Y0 来表示。

（2）一个"步"可以有多个"动作"。如图 11-1 所示，步 M1 对应两个动作，分别用执行该命令的两个软元件 Y1 和 Y3 表示，但注意这种表示方法并不隐含这些动作之间有任何顺序。

3. 有向线段、转换和转换条件

（1）有向线段用于各步之间的连接，各步之间按照有向线段规定的方向进行操作。

（2）步的活动状态进展是由转换来完成，转换用与有向线段垂直的短线来表示。

（3）转换条件是指步与步之间转换的前提，当转换条件不满足时，转换不会发生。转换条件一般用文字、布尔代数标注在转换短线的旁边，如图 11-1 中的 X1、X2 和 X3。

（4）步与步之间不允许直接相连，必须用转换隔开；转换与转换之间也不允许直接相连，而要用步隔开。

（5）转换实现必须同时具备的两个条件：前级步必须是"活动步"，对应的转换条件成立。

11.3.2 顺序功能图的类型

由于控制系统的功能不同，用于描述系统工作流程的顺序功能图具有不同的结构，一般可分为三种基本类型，即单序列结构、选择结构和并行结构，如图 11-2 所示。

1. 单序列结构

（1）单序列结构是结构最简单的功能图。

（2）它由一系列按顺序排列、相继激活的步组成。

（3）每一步的后面只有一个转换，每一个转换后面只有一步。

2. 选择序列结构

（1）选择序列结构有开始和结束之分。选择序列的开始称为分支，选择序列的结束称为合并，如图 11-2（b）所示。

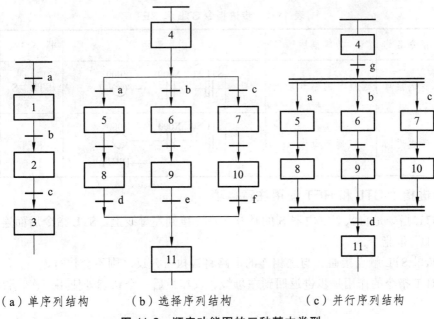

（a）单序列结构　　　　（b）选择序列结构　　　　（c）并行序列结构

图 11-2　顺序功能图的三种基本类型

（2）分支是指一个前级步后面紧跟着若干个后续步可供选择，但一般只允许同时选择一个。图 11-2（b）中，当转换条件 a 满足时，活动步"4"向步"5"转换；当转换条件 b 满足时，活动步"4"向步"6"转换；当转换条件 c 满足时，活动步"4"则向步"7"转换。分支中表示转换的短划线只能在水平线之下。水平线用单线表示。

（3）合并是指几个选择分支合并到一个公共序列上。转换条件只能在水平线之上。

3．并行序列结构

（1）并行序列结构有开始和结束之分。并行序列的开始称为分支，并行序列的结束称为合并。

（2）分支是指当转换实现后将同时使多个后续步激活而成为活动步。图 11-2（c）中，当转换条件 g 满足时，活动步"4"将同时向步"5""6""7"转换。表示转换的短线必须放在水平线上面。为了和选择序列结构相区别，水平线用双线表示。

（3）合并是指当水平线上面的步都变成活动步且转换条件成立时，转换才能实现。在图 11-2（c）中，当步"8""9""10"都成为活动步，且转换条件 d 满足时，则上述三步将同时向步"11"转换。

11.3.3　步进指令 STL 和 RET 的用法

步进指令 STL 是利用 PLC 内部的软元件状态继电器 S，在顺序控制程序上面进行工步控制的指令。返回指令 RET 是表示顺序控制流程结束，返回主程序（母线）的指令。

表 11-1 步进指令 STL 和 RET

助记符	指令名称	功能描述	图形表示	指令格式	程序步
STL	步进接点	连接 S 的常开触点	STL S0 X000 Y000	STL S	1
RET	步进返回	返回母线	STL S0 X000 Y000 [RET]	RET	1

1. 步进指令 STL 和 RET 使用注意事项

（1）STL 指令是将状态继电器 S 的常开触点连接到左母线上。STL 指令后面连接的触点必须用"LD"取指令。

（2）如果 STL 触点接通，与之相连的电路将被执行，反之则不会执行。

（3）RET 指令的作用是步进返回到左母线，仅在最后一个状态处使用一次，否则程序会报错。

2. 使用举例（见图 11-3）

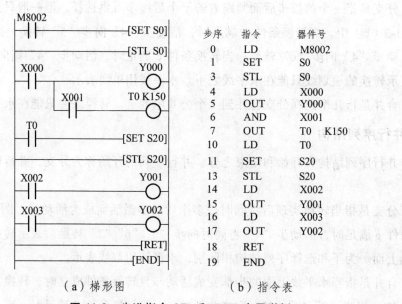

步序	指令	器件号
0	LD	M8002
1	SET	S0
3	STL	S0
4	LD	X000
5	OUT	Y000
6	AND	X001
7	OUT	T0 K150
10	LD	T0
11	SET	S20
13	STL	S20
14	LD	X002
15	OUT	Y001
16	LD	X003
17	OUT	Y002
18	RET	
19	END	

（a）梯形图　　　　　（b）指令表

图 11-3 步进指令 STL 和 RET 应用举例

11.4 任务实施

1. 任务要求

用 PLC 控制三盏彩灯 L0、L1 和 L2，如图 11-4 所示，控制要求如下：

（1）开机，灯 L0 点亮；

（2）按键 K1 被按下，灯 L1 点亮，灯 L0 熄灭；

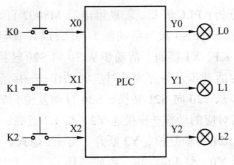

图 11-4　任务示意图

（3）按键 K2 被按下，灯 L2 点亮，灯 L1 熄灭；

（4）按键 K0 被按下，灯 L0 点亮，灯 L2 熄灭；

（5）依此循环进行。

2. I/O 分配表

根据任务要求分析可知，本任务有 3 个输入信号，即按键 K1、K2、K3，因此需要分配 3 个输入继电器 X0、X1、X2；有 3 个控制对象 L1、L2、L3，因此需要分配 3 个输出继电器 Y0、Y1、Y2。I/O 分配表如表 11-2 所示。

表 11-2　I/O 分配表

输入端口			输出端口		
输入继电器	输入器件	作用	输出继电器	输出器件	作用
X0	按键 K0	点亮灯 L0	Y0	L0	
X1	按键 K1	点亮灯 L1	Y1	L1	
X2	按键 K2	点亮灯 L2	Y2	L2	

3. 顺序功能图

根据任务要求分析，这是一个典型的单序列结构，共有 3 个工步，分别对应灯 L0、L1 和 L2 点亮。顺序功能图如图 11-5 所示。

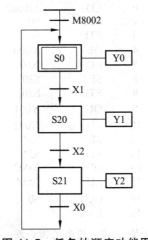

图 11-5　任务的顺序功能图

顺序功能图工作过程分析：PLC 开机，辅助继电器 M8002 自动产生一个初始化脉冲，系统自动进入初始步 S0（即初始步 S0 成为活动步），并完成其对应的动作——接通 Y0，对应的灯 L0 点亮；当按下按键 K1，X1 接通，活动步从 S0 向 S20 转换，S0 自动复位，Y0 断开，灯 L0 熄灭，同时 S20 成为活动步，并完成其对应的动作——接通 Y1，灯 L1 点亮；当按下按键 K2，X2 接通，活动步从 S20 向 S21 转换，S20 自动复位，Y1 断开，灯 L1 熄灭，同时 S21 成为活动步，并完成其对应的动作——接通 Y2，灯 L2 点亮；当按下按键 K0，X0 接通，活动步从 S21 向 S0 转换，S21 自动复位，Y2 断开，灯 L2 熄灭，同时 S0 又成为活动步，并完成其对应的动作——接通 Y0，灯 L0 点亮，由此循环。

4. 梯形图（见图 11-6）

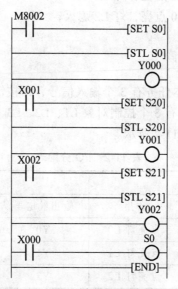

图 11-6 任务的梯形图

5. 程序指令（见图 11-7）

步序	指令	器件号
0	LD	M8002
1	SET	S0
3	STL	S0
4	OUT	Y000
5	LD	X001
6	SET	S20
8	STL	S20
9	OUT	Y001
10	LD	X002
11	SET	S21
13	STL	S21
14	OUT	Y002
15	LD	X000
16	OUT	S0
18	END	

图 11-7 任务的指令表

6. 硬件连线

该任务的硬件连线如图 11-8 所示。

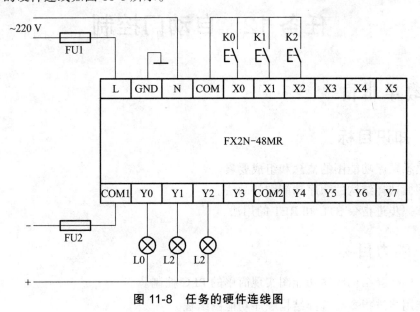

图 11-8　任务的硬件连线图

思考与练习

1. 什么是顺序控制？什么是顺序控制系统？请举出几个属于顺序控制系统的例子。

2. 在顺序流程图中，某一工步成为活动步的条件是什么？

3. 使用 PLC 控制 A、B、C 三盏灯，实现下述功能：开机后，按下启动按钮 SB1，灯 A 亮 30 s，然后灯 A 熄灭，同时灯 B 点亮；45 s 后灯 A、B、C 同时点亮；15 s 后，三盏灯全部熄灭。试画出顺序功能图、梯形图、硬件连线图并编写程序指令。

任务 12　自动门控制

12.1　教学指南

12.1.1　知识目标

（1）熟悉顺序功能图的概念和组成要素。

（2）掌握选择结构的顺序功能图的画法。

（3）掌握步进指令 STL 和 RET 的用法。

12.1.2　能力目标

（1）能用选择结构顺序功能图实现简单的 PLC 控制。

（2）能用步进指令对选择结构顺序功能图编程。

（3）能利用编程软件绘制选择结构的 SFC 图。

12.1.3　任务要求

利用顺序设计法实现自动门的控制。

12.1.4　相关知识点

（1）顺序功能图的概念和组成要素。

（2）选择结构顺序功能图的编程。

（3）步进指令 STL 和 RET 的用法。

12.1.5　教学实施方法

（1）项目教学法。

（2）行动导向法。

12.2　任务引入

自动门，顾名思义，是能够完成自动开合的门扇，即在人们接近或是离开的时候，门扇的识别控制系统会将信号传递到控制单元，再通过驱动装置将门开启和关闭。

自动门的原理与自动门机基本组成大体相同，加上开门信号，便组成了一套简单的自动门系统。自动门的开门信号是触点信号，微波雷达和红外传感器是常用的两种信号源。

（1）微波雷达是对物体的位移进行反应，因而反应速度快，适用于行走速度正常的人员通过的场所。它的特点是一旦在门附近的人员不想出门而静止不动后，雷达便不再反应，自动门就会关闭，对门机有一定的保护作用。

（2）红外传感器对物体存在进行反应，不管人员移动与否，只要处于传感器的扫描范围内，它都会反应，即传出触点信号。

另外，红外传感器的反应速度较慢，适用于有行动迟缓的人员出入的场所。通常我们所接触的自动门是由微波雷达信号源控制的自动门。本任务采用红外感应器。

（3）人靠近自动门时，红外感应器 X000 为 ON，Y000 驱动电动机高速开门，碰到开门减速开关 X001 时变为低速开门，碰到开门极限开关 X002 时电动机停止转动，开始延时。若在 0.5 s 内红外感应器检测到无人，Y002 驱动电动机高速关门，碰到关门减速开关 X003 时，改为低速关门，碰到关门极限开关 X004 时电动机停止转动。在关门期间若感应器检测到有人，停止关门，T1 延时 0.5 s 后自动转换为高速开门。

12.3 相关知识点

1. 利用步进指令对选择序列结构的顺序功能图的分支部分编程举例

对图 12-1 所示选择序列顺序功能图的分支部分进行编程，如图 12-2 所示。

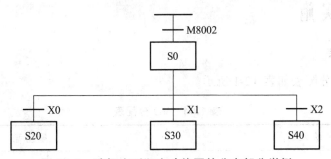

图 12-1 选择序列顺序功能图的分支部分举例

（a）梯形图　　　　　　（b）指令表

图 12-2 选择序列顺序功能图分支部分的梯形图和指令表

2. 利用步进指令对选择序列结构的顺序功能图的合并部分编程举例

对图 12-3 所示选择序列结构的顺序功能图的合并部分进行编程，如图 12.4 所示。

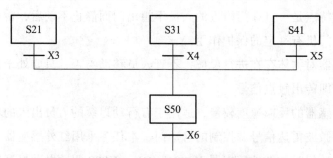

图 12-3　选择序列顺序功能图的合并部分举例

（a）梯形图　　　　　　（b）指令表

图 12-4　选择序列顺序功能图合并部分的梯形图和指令

12.4　任务实施

1. I/O 分配表

本任务的 I/O 分配表如表 12-1 所示。

表 12-1　I/O 分配表

输入端		输出端	
输入继电器	作用	输出继电器	作用
X000	红外感应器	Y000	电动机高速开门
X001	开门减速开关	Y001	电动机低速开门
X002	开门极限开关	Y002	电动机高速关门
X003	关门减速开关	Y003	电动机低速关门
X004	关门极限开关		

2. 自动门控制系统的顺序功能图

自动门控制系统顺序功能图如图 12-5 所示。

自动门工作过程分析：系统开机，在初始化脉冲 M8002 的作用下，系统自动进入初始状态 S0 步；当红外检测器检测到有人时，X0 接通，系统状态转换，从 S0 步转换到 S20 步，并进行相应的动作，接通 Y0，实现高速开门；当碰触到开门减速开关后，X1 接通，状态进入 S21 步，并完成相应的动作，接通 Y1，实现低速开门，同时 S20 步复位，Y0 断开，停止高速开门；当碰触到开门极限开关时，X2 接通，系统从 S21 步转换到 S22 步，完成相应的动作，启动定时器 T0，延时 5 s，同时 S21 步自动复位，Y1 断开，停止低速开门；定时器 T0 延时 5 s 后，T0 接通，系统从 S22 步转换到 S23 步，接通 Y2，开始高速关门，同时 S22 步复位，定时器 T0 也复位；在高速关门的过程中，如果红外检测器检测到有人进出，X0 接通，系统从 S23 步转换到 S25 步，启动定时器 T1，延时 5 s，同时 S23 步自动复位，Y2 断开，停止高速关门；5 s 后，T1 接通，系统从 S25 步转换到 S20 步，接通 Y0，实现高速开门，同时 S25 步复位，定时器 T1 也复位；如果在 S23 步高速关门过程中没有检测到有人进出，则会碰触到关门减速开关，X3 接通，系统从 S23 步转换到 S24 步，接通 Y3，实现低速关门，同时 S23 步自动复位，断开 Y2，停止高速关门；在低速关门过程中，红外检测器检测到有人进出，则 X0 接通，系统从 S24 转换到 S25 步，启动定时器 T1，延时 5 s，同时 S24 自动复位，Y3 断开，停止低速关门；如果红外检测器没有检测到有人进出，则会碰触到关门极限开关，X4 接通，系统从 S24 步转换到初始步 S0，同时 S24 步自动复位，断开 Y3，停止低速关门。

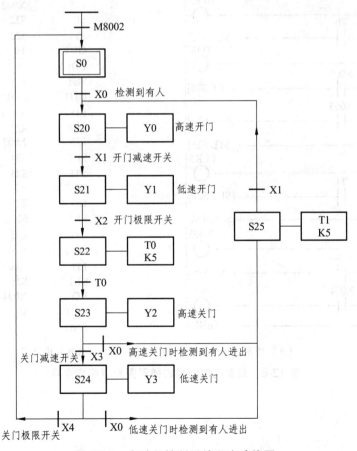

图 12-5　自动门控制系统顺序功能图

3. 自动门控制系统的梯形图和程序指令表

如图 12-6 所示。

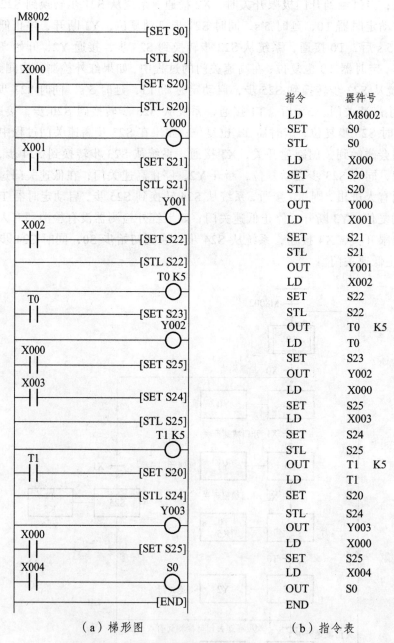

指令	器件号	
LD	M8002	
SET	S0	
STL	S0	
LD	X000	
SET	S20	
STL	S20	
OUT	Y000	
LD	X001	
SET	S21	
STL	S21	
OUT	Y001	
LD	X002	
SET	S22	
STL	S22	
OUT	T0	K5
LD	T0	
SET	S23	
OUT	Y002	
LD	X000	
SET	S25	
LD	X003	
SET	S24	
STL	S25	
OUT	T1	K5
LD	T1	
SET	S20	
STL	S24	
OUT	Y003	
LD	X000	
SET	S25	
LD	X004	
OUT	S0	
END		

（a）梯形图　　　　　　　　（b）指令表

图 12-6　自动门控制系统梯形图和程序指令表

4. 自动门控制系统的硬件连线图

如图 12-7 所示。

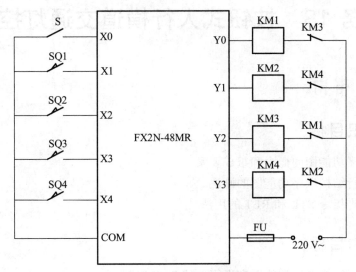

图 12-7 自动门控制系统的硬件连线图

思考与练习

1. 在使用 STL 指令编程的梯形图中，STL 触点的电路块的三个功能是什么？

2. 试设计三路抢答器程序。设计要求：每组一个按钮，分别为 SB1、SB2、SB3，各对应一指示灯，分别为 HL1、HL2、HL3，另有蜂鸣器 B 一个，以及主持人复位按钮 SB4 一个。当有一个按钮被按下时，该按钮对应的指示灯亮，并保持，且蜂鸣器发出 1 s 的响声，再按其他组按钮无效。主持人按复位按钮后，指示灯和蜂鸣器均复位，开始新一轮抢答。

任务 13　按钮式人行横道交通灯控制

13.1　教学指南

13.1.1　知识目标

（1）熟悉顺序功能图的概念和组成要素。
（2）掌握并行结构顺序功能图的画法。
（3）掌握步进指令 STL 和 RET 的用法。

13.1.2　能力目标

（1）能用并行结构顺序功能图实现简单的 PLC 控制。
（2）能用步进指令对并行结构顺序功能图编程。
（3）能利用编程软件绘制选择结构的 SFC 图。

13.1.3　任务要求

利用顺序设计法实现按钮式人行横道交通灯控制。

13.1.4　相关知识点

（1）顺序功能图的概念和组成要素。
（2）并行结构顺序功能图的编程。
（3）步进指令 STL 和 RET 的用法。

13.1.5　教学实施方法

（1）项目教学法。
（2）行动导向法。

13.2　任务引入

如图 13-1 所示，在正常情况下，汽车通行，即 Y003 绿灯亮，Y005 红灯亮；当行人想过马路，就按按钮。当按下按钮 X000（或 X001）之后，主干道交通灯按绿（5 s）→绿闪（3 s）→黄（3 s）→红（20 s）变化。当主干道红灯亮时，人行道从红灯亮转为绿灯亮，15 s 以后，人行道绿灯开始闪烁，闪烁 5 s 后转入主干道绿灯亮，人行道红灯亮。

126

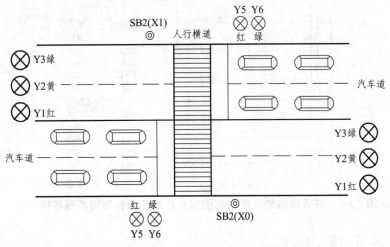

图 13-1　按钮式人行横道交通灯控制示意图

13.3　相关知识点

1. 利用步进指令对并行结构的顺序功能图的分支部分编程举例

对图 13-2 所示并行结构的顺序功能图的分支部分进行编程，如图 13-3 所示。

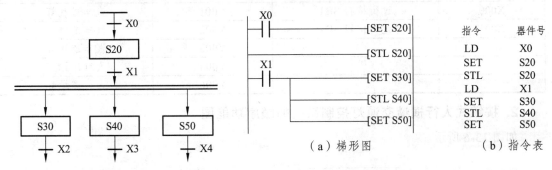

指令	器件号
LD	X0
SET	S20
STL	S20
LD	X1
SET	S30
STL	S40
SET	S50

（a）梯形图　　　　　　（b）指令表

图 13-2　并行结构的顺序功能图的　　　图 13-3　并行结构的顺序功能图的分支部分的
分支部分举例　　　　　　　　　　　梯形图和程序指令表

2. 利用步进指令对并行结构的顺序功能图的合并部分编程举例

对图 13-4 所示并行结构的顺序功能图的合并部分进行编程，如图 13-5 所示。

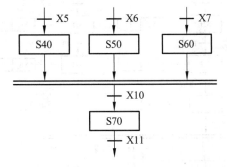

图 13-4　并行结构的顺序功能图的合并部分举例

127

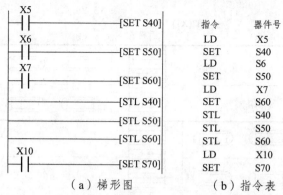

指令	器件号
LD	X5
SET	S40
LD	S6
SET	S50
LD	X7
SET	S60
STL	S40
STL	S50
STL	S60
LD	X10
SET	S70

（a）梯形图　　　　（b）指令表

图 13-5　并行结构的顺序功能图的合并部分的梯形图和程序指令表

13.4　任务实施

1. I/O 分配表

本任务的 I/O 分配表如表 13-1 所示。

表 13-1　I/O 分配表

输入端		输出端	
输入继电器	作用	输出继电器	作用
X000	过街按钮 SB1	Y001	汽车道红灯
X001	过街按钮 SB2	Y002	汽车道黄灯
		Y003	汽车道绿灯
		Y005	人行道红灯
		Y006	人行道绿灯

2. 按钮式人行横道交通灯控制系统的顺序功能图

如图 13-6 所示。

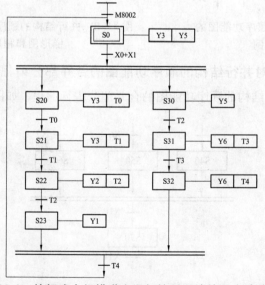

图 13-6　按钮式人行横道交通灯控制系统的顺序功能图

3. 按钮式人行横道交通灯控制系统的梯形图和程序指令表

如图 13-7 所示。

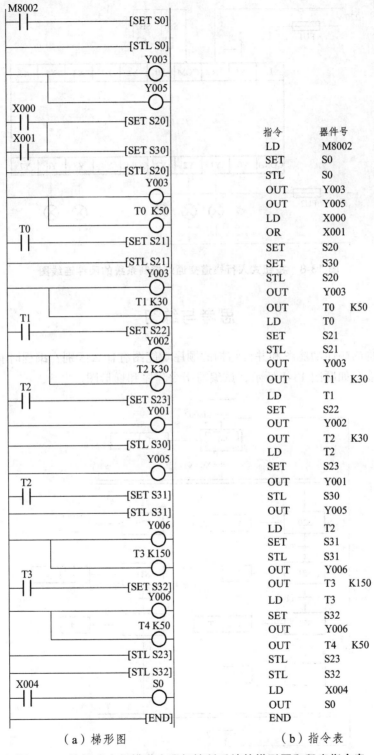

指令	器件号	
LD	M8002	
SET	S0	
STL	S0	
OUT	Y003	
OUT	Y005	
LD	X000	
OR	X001	
SET	S20	
SET	S30	
STL	S20	
OUT	Y003	
OUT	T0	K50
LD	T0	
SET	S21	
STL	S21	
OUT	Y003	
OUT	T1	K30
LD	T1	
SET	S22	
OUT	Y002	
OUT	T2	K30
LD	T2	
SET	S23	
OUT	Y001	
STL	S30	
OUT	Y005	
LD	T2	
SET	S31	
STL	S31	
OUT	Y006	
OUT	T3	K150
LD	T3	
SET	S32	
OUT	Y006	
OUT	T4	K50
STL	S23	
STL	S32	
LD	X004	
OUT	S0	
END		

（a）梯形图　　　　　　（b）指令表

图 13-7　按钮式人行横道交通灯控制系统的梯形图和程序指令表

4. 按钮式人行横道交通灯控制系统的硬件连线图

如图 13-8 所示。

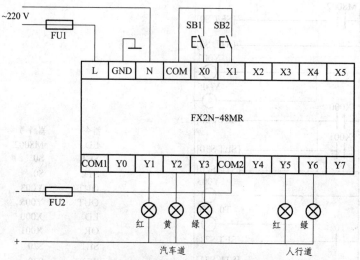

图 13-8　按钮式人行横道交通灯控制系统的硬件连线图

思考与练习

1. 选择结构的顺序功能图和并行结构的顺序功能图有什么区别？编程时有何不同？
2. 顺序功能图如题图 13-1 所示，试编写指令程序和梯形图。

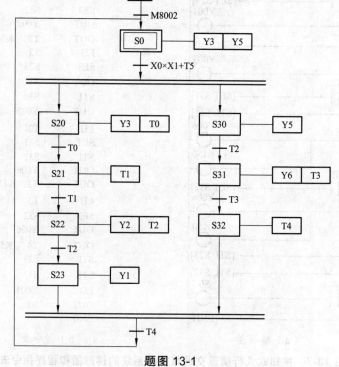

题图 13-1

项目 4　时间控制系统的设计与实现

任务 14　简易密码锁控制

14.1　教学指南

14.1.1　知识目标

（1）掌握位元件、字元件和位组合元件的概念。

（2）掌握数据存储器和变址存储器的相关知识。

（3）掌握传送指令和比较指令的用法。

14.1.2　能力目标

（1）能利用所学功能指令编程实现简单 PLC 的控制。

（2）能熟练使用简易编程器和编程软件。

（3）熟练掌握 PLC 的外部结构和外部接线方法。

14.1.3　任务要求

以简易密码锁控制案例为载体，学习传送指令和比较指令，完成控制程序的编写、调试和运行。

14.1.4　相关知识点

（1）位元件、字元件和组合元件的概念。

（2）数据存储器、变址存储器。

（3）功能指令 MOV、CMP、ZCP。

14.1.5　教学实施方法

（1）项目教学法。

（2）行动导向法。

14.2 任务引入

在日常的工作和生活中，单位的文件档案、财务报表以及一些个人资料的保存多以加锁的办法来确保安全。若使用传统的机械式钥匙开锁，人们常需携带多把钥匙，使用极不方便，且钥匙丢失后安全性即大打折扣。随着科学技术的不断发展，人们对日常生活中的安全保险器件的要求越来越高。为满足人们对锁的使用要求，增加其安全性，用密码代替钥匙的密码锁应运而生。

本任务要求利用 PLC 实现密码锁控制。密码锁有 3 个置位开关（12 个按钮），分别表示 3 个十进制数，代表密码的百位、十位、个位。假如所拨数据与设置的密码符合，3 s 后开锁，20 s 后重新上锁。

14.3 相关知识点

基本逻辑指令和步进指令主要用于逻辑处理，但作为工业控制用的计算机，仅仅进行逻辑处理是不够的，现代工业控制在很多场合都需要进行数据处理，因此在这里我们介绍功能指令（也叫应用指令）。功能指令主要用于数据的运算、转换及其他控制，是 PLC 称为真正意义上的工业计算机的具体体现。

1. 功能指令的表达形式

功能指令的表达都遵循一定的规则，其通常的表达形式也是一致的。一般功能指令都按照功能编号（FNC00—FNC□□□）指定，各指令中有表示其内容的符号，即助记符。例如，FNC12 的助记符是 MOV（传送），FNC45 的助记符是 MEAN（求平均数）。当采用简易编程器时应输入功能编号（FNC□□□），当采用编程软件时可输入助记符。

功能指令常用的表达形式如图 14-1 所示。

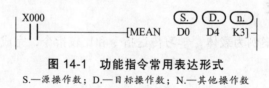

图 14-1　功能指令常用表达形式

S.—源操作数；D.—目标操作数；N.—其他操作数

这是一条求平均值的功能指令，D0 为源操作数的首元件，K3 为源操作数的个数（3 个），D4 为目标地址即用于存放运算结果。

[S]：其内容不随指令执行而变化的操作数被称作源。在可利用变址修改软元件编号的情况下，以加上 "." 符号的[S.]表示，源数量多时，以[S_1]、[S_2]等表示。

[D]：其内容随指令执行而改变的操作数被称作目标。它同样可以做变址修饰，在目标数多的时候，以[D_1]、[D_2]等表示。

[n]：表示既不是源，也不是目标的操作数，常用来表示常数或者作为源操作数或者目标操作数的补充说明。它可以用十进制数（K）、十六进制数（H）、数据寄存器 D 来表示。它同样可以做变址修饰，在目标数多的时候，以[n_1]、[n_2]等表示，此外还可以用[m]/[m.]来表示。

2. 数据长度和指令类型

1）数据长度

功能指令按照处理数据的长度分为 16 位指令和 32 位指令。其中 32 位指令在助记符前加"D"，若助记符前没有"D"，则表示为 16 位指令，如图 14-2 所示。

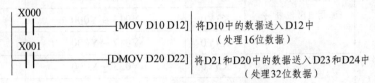

图 14-2　说明助记符的梯形图

2）指令类型

指令类型有脉冲执行型和连续执行型两种。在指令助记符后标有"P"的表示脉冲执行型，没有的则是连续执行型。

DMOV 是连续执行型 32 位指令，如图 14-3 所示。当 X001 为 ON 时，上述指令每一个扫描周期都被重复执行一次。

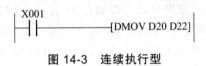

图 14-3　连续执行型

MOVP 是脉冲执行型 14～16 位指令，如图 14-4 所示。当 X000 为 ON 时，该脉冲执行指令仅在 X000 由 OFF 变为 ON 时有效。助记符后的 P 表示脉冲执行方式。

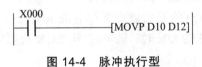

图 14-4　脉冲执行型

P 和 D 可以同时使用，如 DMOVP 表示 32 位数据的脉冲执行方式。

3. 操作数类型

1）位元件与字元件

只处理 ON/OFF 状态的元件称为位元件，例如 X、Y、M 和 S。处理数据的元件称为字元件，例如 T、C 和 D。

2）位元件的组合

位元件的组合就是将 4 个位元件作为一个基本单元进行组合，如 K1Y0 就是位元件组合。通常用 KnM□、KnS□、KnY□，M□、S□、Y□表示位元件组合的首元件。操作数为 16 位时 n 为 1～4，操作数为 32 位时 n 为 1～8。KnY0 的全部组合及适用指令范围如表 14-1 所示。

表 14-1　KnY0 的全部组合及适用指令范围

指令适用范围		KnY0	包含位元件 最高位~最低位	位元件个数
n 取值 1~8 适用 32 位指令	n 取值 1~4 适用 16 位指令	K1Y0	Y003 ~ Y000	4
		K2Y0	Y007 ~ Y000	8
		K3Y0	Y013 ~ Y000	12
		K4Y0	Y017 ~ Y000	16
	n 取值 5~8 适用 32 位指令	K5Y0	Y023 ~ Y000	20
		K6Y0	Y027 ~ Y000	24
		K7Y0	Y033 ~ Y000	28
		K8Y0	Y037 ~ Y000	32

被组合的位元件的首元件号可以是任意的，但习惯上采用 0 结尾元件，如 X0、X10。

4. 数据寄存器 D

数据寄存器 D 是用来存储数据的"字元件"，其数值可以通过功能指令、数据存取单元及编程装置读出与写入。一个数据寄存器可以储存 16 位二进制数或一个字，两个数据寄存器合起来可以存放 32 位数据（双字）。在 D1 与 D0 双字中，D1 用于存放高 16 位数据，D0 用于存放低 16 位数据。字或双字最高位为符号位，该位为 0 时表示"正"，该位为 1 时表示"负"。

FX 系列 PLC 的四类数据寄存器如下：

1）通用数据寄存器（D0 ~ D199）

存放入通用数据寄存器的数据，其值将保持不变，直到下一次被改写。当 PLC 从 RUN 状态切换为 STOP 状态时，所有的通用数据寄存器的值被改变。

如特殊辅助继电器 M8033 为 ON 时，若 PLC 从 RUN 状态切换为 STOP 状态，通用数据寄存器的值不改变。

2）失电保持数据寄存器（D200 ~ D511）

失电保持数据寄存器具有断电保持功能，当 PLC 从 RUN 状态切换为 STOP 状态时，失电保持数据寄存器的值不改变。利用参数设定，可以改变保持性数据寄存器的范围。

3）特殊数据寄存器（D8000 ~ D8255）

特殊数据寄存器用来控制和监视 PLC 内部的各种工作方式和元件，例如电池电压、扫描时间、正在动作的状态的编号等。PLC 上电时，这些数据寄存器被写入默认的值。

4）文件数据寄存器（D1000 ~ D1999）

文件数据寄存器实际上是一类专用数据寄存器，用于存放大量的数据，如采集数据、统计计算数据等。其值由 CPU 的监视软件决定，但可通过扩充存储器的方法加以扩充。

5. 变址寄存器 V、Z

变址寄存器在传送、比较指令中用来修改操作对象的元件号，其操作方式与普通数据寄存器一样。FX 系列 PLC 有 16 个变址寄存器，V0 ~ V7，Z0 ~ Z7。在 32 位操作时 V、Z 合并使用，Z 为低位。其用法如图 14-5 所示。

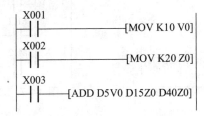

图 14-5　变址寄存器用法

在图 14-5 中，K10 送到 V0，K20 送到 Z0，所以 V0 与 Z0 的数据分别为 10 和 20。当执行（D5V0）+（D15Z0）→（D40Z0）时，即执行（D15）+（D35）→（D60）。若改变 V0与 Z0 的值，则可完成不同数据寄存器的求和运算。

6. 数据传送指令 MOV 与比较指令 CMP

表 14-2 为 MOV、CMP 指令说明。

表 14-2　MOV、CMP 指令说明

传送与比较指令		操作数		指令适用格式
D（32 位）	MOV（FNC12）	S（源）	K、H、KnX、KnY、KnM、KnS、T、C、D、V、Z	┤├ ─────[MOV S D]
P（脉冲型）		D（目标）	K、H、KnY、KnM、KnS、T、C、D、V、Z	
D（32 位）	CMP（FNC10）	S（源）	KnX、KnY、KnM、KnS、T、C、D、V、Z	┤├ ─────[CMP S1 S2 D]
P（脉冲型）		D（目标）	Y、M、S	

说明：

（1）传送指令 MOV 是将源数据[S]传送至目标数据[D]中，并且数据是利用二进制格式传送的。

（2）比较指令 CMP 是比较两个源操作数[S1]和[S2]，并将比较的结果送到目标操作数[D] ~ [D + 2]中。当执行条件满足时，比较指令执行，每扫描一次该梯形图，就对两个源操作数[S1]和[S2]进行比较，比较结果如下：当[S1]>[S2]时，[D] = ON；当[S1] = [S2]时，[D + 1] = ON；当[S1]<[S2]时，[D + 2] = ON。

7. 编程实例

如图 14-6 所示，当 X000 = OFF 时，MOV 指令不执行，D1 中的数据内容保持不变；当 X000 = ON 时，MOV 指令将 K50 送到 D1 中。

如图 14-7 所示，将 K50 与 C20 两个源操作数进行比较，比较结果存放在 M10 ~ M12 中。当 X010 = OFF 时，CMP 指令不执行，M10 ~ M12 保持比较前的状态。当 X010 = ON 时，若 K50>C20，M10 = ON；若 K50 = C20，M11 = ON；若 K50<C20，M12 = ON。

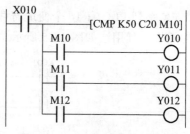

图 14-6　MOV 指令实例编程　　　　　　图 14-7　CMP 指令实例编程

14.4　任务实施

1. I/O 分配表

用比较器实现密码锁系统。密码锁有 12 个按钮，分别接入 X000 ~ X013，其中 X000 ~ X003 代表第一个十进制数（个位）；X004 ~ X007 代表第二个十进制数（十位）；X010 ~ X013 代表第三个十进制数（百位），密码器的控制信号从 Y000 输出。其 I/O 分配表如表 14-3 所示。假设密码器的密码为 K205。

表 14-3　I/O 分配图

输入			输出		
输入元件	输入继电器	作用	输出继电器	输出元件	作用
1 ~ 4 号按钮	X000 ~ X003	密码个位	Y000	开锁装置	密码锁控制信号
5 ~ 8 号按钮	X004 ~ X007	密码十位			
9 ~ 12 号按钮	X010 ~ X013	密码百位			

2. 梯形图

根据控制要求，如要解锁，则从 X000 ~ X013 送入的数据要和程序设定的密码相等，可以使用比较指令实现判断。密码锁的开启由 Y000 的输出控制。梯形图如图 14-8 所示。

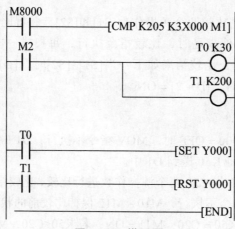

图 14-8　梯形图

14.5 知识拓展

1. 功能指令拓展

1）区间复位指令 ZRST（FNC40）

区间复位指令的表现形式有 ZRST、ZRSTP。其使用说明如图 14-9 所示。

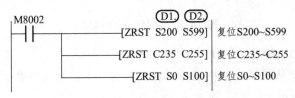

图 14-9　ZRST 指令格式

在区间复位指令中，目标 D1 和 D2 应该是同一类元件，并且目标 D1 的编号要比 D2 小，如果 D1 的编号比 D2 大，则复位 D1 指定的元件。

2）传送指令

传送指令是功能指令中使用最频繁的指令。本项目介绍了 MOV 指令，该指令是传送指令中最常用的一条指令。在 FX$_{2N}$ 系列 PLC 中，传送指令除了 MOV 指令外，还有以下几种：

（1）位移传送指令 SMOV（FNC13）。

SMOV 指令用于把四位十进制数中的位传送到另一个四位数的指定位置中。

如图 14-10 所示，当 X000 = ON 时，将源数据 D1 的 BIN 码自动转换成 BCD 码，再将转换值从其第 4 位（m1 = K4）起的低 2 位（m2 = K2）向目标（D2）的第三位（n = K3）开始传送，传送后将其转换成 BIN 码。D2 的第四位和第一位在从 D1 传送时不受任何影响，如图 14-11 所示。

图 14-10　SMOV 指令格式

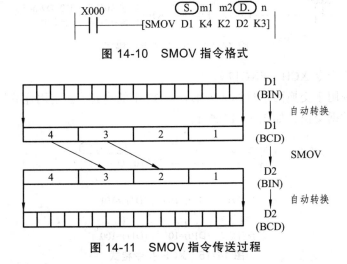

图 14-11　SMOV 指令传送过程

137

（2）取反传送指令 CML（FNC14）。

取反指令先把源操作数按位取反，然后将结果存放到目标元件中。

如图 14-12 所示，当 X000 = ON 时，将源数据 D0 中的值按位取反后存放到目标（K1Y000）中。

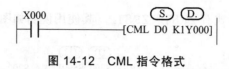

图 14-12　CML 指令格式

（3）块传送指令 BMOV（FNC15）。

块传送指令用于把从源操作数指定的元件开始的 n 个数组成的数据块的内容传送到目标元件中，如图 14-13 所示。

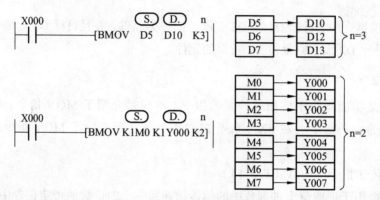

图 14-13　BMOV 指令格式

（4）多点传送指令 FMOV（FNC16）。

多点传送指令用于将源操作数中的数据传送到指定目标元件开始的 n 个目标元件中，这 n 个元件中的数据完全相等，如图 14-14 所示。

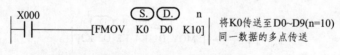

图 14-14　FMOV 指令格式

（5）数据交换指令 XCH（FNC17）。

数据交换指令用于交换两个目标元件 D1 与 D2 中的内容，当使用连续执行指令时，每个扫描周期均进行数据交换，如图 14-15 所示。

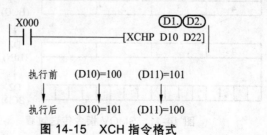

图 14-15　XCH 指令格式

（6）BIN 变换（FNC19）、BCD 变换指令（FNC18）。

BIN 指令将源元件中的 BCD 码转换成二进制数送到目标元件中。BCD 指令将源元件中的二进制数转换成 BCD 码送到目标元件中。注意，常数 K 不能作为本指令的操作元件。BIN 变换指令格式如图 14-16 所示。BCD 变换指令格式如图 14-17 所示。

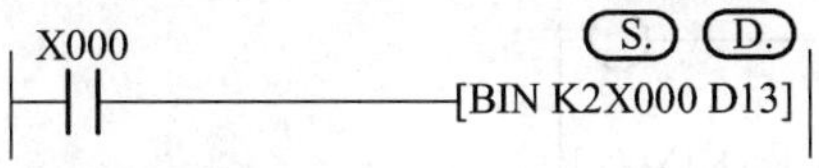

图 14-16　BIN 指令格式 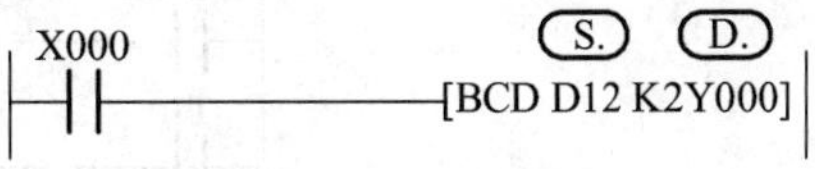　　　　　图 14-17　BCD 指令格式

2. 任务拓展

在前面的章节中，我们利用基本指令实现了电动机的 Y-△ 降压启动的 PLC 控制，在这里我们运用功能指令实现电动机的 Y-△ 降压启动。

1）任务要求

通过功能指令实现电动机的 Y-△ 降压启动的 PLC 控制，当按下启动按钮 SB2 时，X004 得电，KM 和 KM_Y 同时得电，此时 Y003 ~ Y000 的状态应该是 1010，即 K1Y000 = K10，电动机星形启动；6 s 后，减压启动结束，转为三角形运行，此时需要断开 KM 和 KM_Y 线圈，接通 $KM_△$ 线圈，此时 Y003 ~ Y000 的状态应该是 0100，即 K1Y000 = K4，然后接通 KM 和 $KM_△$ 线圈，Y003 ~ Y000 的状态应该为 0110，即 K1Y000 = K6。按下电动机停止按钮 SB1 后，应该切断所有接触器线圈，此时 Y003 ~ Y000 的状态应该为 0000，即 K1Y000 = K0。在这里设定启动时间为 6 s，Y-△ 转换时间为 2 s。

2）I/O 分配表

分析上述项目控制要求，可以确定 PLC 需要 1 个输入点连接启动按钮，1 个输入点连接停止按钮；1 个输出点连接电源接触器，1 个输出点连接星形接触器 KM_Y，1 个输出点连接三角形接触器 $KM_△$ 以控制被控电动机 M。其 I/O 分配表如表 14-4 所示。

表 14-4　I/O 分配表

输入			输出		
输入继电器	输入元件	作用	输出继电器	输出元件	作用
X005	SB1	停止按钮	Y001	KM	主电源启动
X004	SB2	启动按钮	Y003	KM_Y	星形启动
			Y002	$KM_△$	三角形启动

3）梯形图

根据任务要求，上述数据的传送均可以采用传送指令 MOV。设计出来的梯形图如图 14-18 所示。

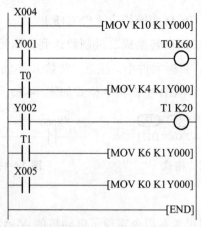

图 14-18　用功能指令实现电动机 Y-△ 降压启动的梯形图

4）硬件接线

该任务的外部接线图如图 14-19 所示。

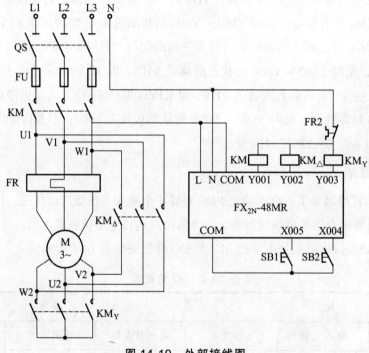

图 14-19　外部接线图

思考与练习

1. 什么是字元件？什么是位元件？

2. 说明下列字元件分别由哪些位元件组合？各是多少位数据？

K1X0　　　　　K2M10　　　　　K8M0

K4S0　　　　　K2Y0　　　　　　K3X10

3. 设计一个用密码（6 位）开机的程序（X0 ~ X11 表示 0 ~ 9 的输入），要求密码正确时按开机键即开机；密码错误时有 3 次重复输入的机会，如 3 次均不正确则立即报警。

4. 设有 8 盏指示灯，控制要求：按下 X0 按钮，全部灯亮；按下 X1 按钮，奇数灯亮；按下 X2 按钮，偶数灯亮；按下 X3 按钮全部灯灭。试设计控制线路和用数据传送指令编写程序。

任务 15　算术运算

15.1　教学指南

15.1.1　知识目标

掌握二进制四则运算指令 ADD、SUB、MUL、DIV 的用法。

15.1.2　能力目标

（1）能利用所学的功能指令编程实现简单 PLC 的控制。

（2）能熟练使用简易编程器和编程软件。

15.1.3　任务要求

学习二进制四则运算指令 ADD、SUB、MUL、DIV，完成控制程序的编写、调试和运行。

15.1.4　相关知识点

四则运算指令 ADD、SUB、MUL、DIV。

15.1.5　教学实施方法

（1）项目教学法。

（2）行动导向法。

15.2　任务引入

某控制程序中要进行以下算式的运算

$$Y = \frac{24X}{27} + 2$$

式中，X 为输入端口 K2X000 送入的二进制数据。

运算结果送入输出口 K2Y000。X020 作为启停开关。

请用 PLC 完成上式中的运算。

15.3 相关知识点

1. 加法指令 ADD（FNC20）

表 15-1 为 ADD 指令说明。

表 15-1　ADD 指令

加法指令		操作数		指令适用格式
D（32 位）	ADD （FNC20）	S1、S2（源）	K、H、KnX、KnY、KnM、 KnS、T、C、D、V、Z	X000 ——[ADD D10 D12 D14] （S1、S2、D.）
P（脉冲型）		D（目标）	KnY、KnM、KnS、T、C、D、 V、Z	

当 X000 = ON 时，将源数据 S1 与 S2 中的数据 D10、D12 相加送入目标数据 D14 中。数据最高位为符号位，0 为正，1 为负。符号位也以代数形式进行加法运算。

当运算结果为 0 时，标志着 M8020 动作；当运算结果超过 32 767（16 位运算）或 2 147 483 647（32 位运算）时，进位标志 M8022 动作；当运算结果小于 – 32 768（16 位运算）或 – 2 147 483 648（32 位运算）时，借位标志 M8021 动作。

进行 32 位运算时，当字软元件的低 16 位侧的软元件被指定后，紧接着上述软元件编号后的软元件就作为高 16 位，为了防止编号重复，建议将软元件指定为偶数编号。在指定软元件时，注意软元件不要重复使用。

源和目标可以指定为同一软元件。在这种情况下，如使用连续执行型命令（ADD, DADD），则每个扫描周期的加法运算结果都会变化，因此，可以根据需要使用脉冲执行（ADDP）的形式加以解决。

2. 减法指令 SUB（FNC21）

表 15-2 为 SUB 指令说明。

表 15-2　SUB 指令

减法指令		操作数		指令适用格式
D（32 位）	SUB （FNC21）	S1、S2（源）	K、H、KnX、KnY、KnM、 KnS、T、C、D、V、Z	X000 ——[SUB D10 D12 D14] （S1、S2、D.）
P（脉冲型）		D（目标）	KnY、KnM、KnS、T、C、D、 V、Z	

当 X000 = ON 时，将数据源 S1 与 S2 中的数据 D10、D12 相减送入目标数据 D14 中。

各种标志的动作、32 位运算软元件的指定方法、连续执行型和脉冲执行型的差异等均与 ADD 指令相同。

3. 乘法指令 MUL（FNC22）

表 15-3 为 MUL 指令说明。

表 15-3　MUL 指令

乘法指令		操作数		指令适用格式
D（32 位）	MUL （FNC22）	S1、S2(源)	K、H、KnX、KnY、KnM、KnS、T、C、D、V、Z	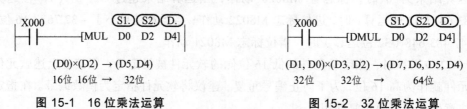
P（脉冲型）		D（目标）	KnY、KnM、KnS、T、C、D、V、Z	

（1）MUL 指令 16 位运算。

如图 15-1 所示，各源操作数指定的软元件内容的乘积，以 32 位数据形式存入目标地址指定的软元件（低位）和紧接其后的软元件（高位）中。结果的最高位是符号位（0 为正，1 为负）。

（2）MUL 指令 32 位运算。

如图 15-2 所示，两个 32 位的源操作数的内容的乘积，以 64 位数据的形式存入目标指定的元件中，结果的最高位为符号位。在 32 位运算中，目标地址使用位软元件时，只能得到低 32 位的结果，不能得到高 32 位的结果。处理办法是将运算结果存入由 4 个寄存器组成的字元件中，再将字元件的内容通过传送指令送到位元件组合中。

图 15-1　16 位乘法运算　　　　　图 15-2　32 位乘法运算

4. 除法指令 DIV（FNC23）

表 15-4 为 DIV 指令说明。

表 15-4　DIV 指令

除法指令		操作数		指令适用格式
D（32 位）	DIV （FNC23）	S1、S2(源)	K、H、KnX、KnY、KnM、KnS、T、C、D、V、Z	X000——[DIV　D0　D2　D4]
P（脉冲型）		D（目标）	KnY、KnM、KnS、T、C、D、V、Z	

（1）DIV 指令 16 位运算。

如图 15-3 所示，源数据 S1 指定的软元件内容是被除数，源数据 S2 指定的软元件内容是除数，目标 D 指定的软元件和紧接其后的软元件将存入商和余数。

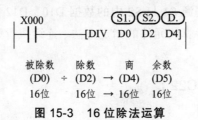

图 15-3　16 位除法运算

144

（2）DIV 指令 32 位运算。

如图 15-4 所示，被除数内容由源数据 S1 指定的软元件和其下一个标号的软元件组合而成，除数内容由源数据 S2 指定的软元件和其下一个编号的软元件组合而成，其商和余数存入与目标 D 指定软元件相连续的 4 点软元件中。运算结果的最高位为符号位。

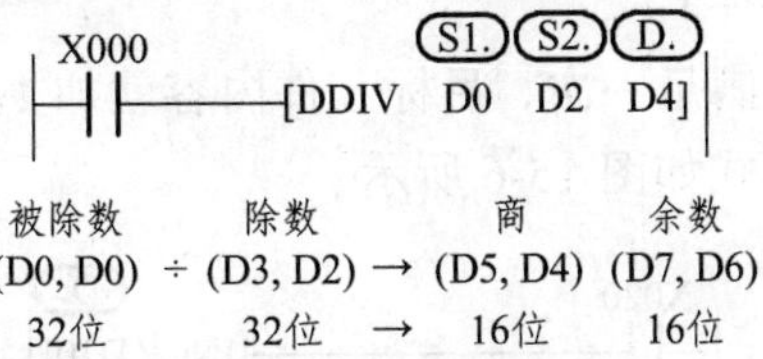

```
 X000              (S1.)(S2.)(D.)
 ┤├────────[DDIV   D0   D2   D4]

被除数          除数          商        余数
(D0, D0)  ÷  (D3, D2)  →  (D5, D4)  (D7, D6)
32位          32位      →   16位       16位
```

图 15-4　32 位除法运算

DIV 指令的源数据 S2 不能为 0，否则运算会出错。目标 D 指定为位元件组合时，对于 32 位运算，将无法得到余数。

15.4　任务实施

1. I/O 分配表

根据任务要求，I/O 分配表如表 15-5 所示。

表 15-5　I/O 分配表

输入		输出	
输入继电器	作用	输出继电器	作用
X000 ~ X007	输入二进制数	Y000 ~ Y007	运算结果
X020	启停开关		

2. 梯形图

任务中包含的乘积运算、除法运算和加法运算可以分别用脉冲指令型指令 MULP、DIVP 和 ADDP 实现。所设计的梯形图如图 15-5 所示。

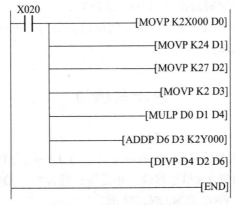

图 15-5　四则运算梯形图

15.5 知识拓展

除了四则运算指令外，还有下面一些指令：

1. 加 1 指令 INC（FNC24）

INC 指令是当执行条件每满足一次，目标元件内容就加 1。注意，该指令不影响零标志、借位标志和进位标志。指令格式如图 15-6 所示。

图 15-6　INC 指令格式

X020 每置 ON 一次，目标 D 指定的软元件内容就加 1。在连续执行指令中，每个扫描周期都将执行加 1 运算。16 位运算时，＋32 767 加 1 变为 −32 768，而标志不动作；32 位运算时，＋2 147 483 647 加 1 变为 −2 147 483 648，而标志位不动作。

2. 减 1 指令 DEC（FNC25）

DEC 指令是当执行条件每满足一次，目标元件内容就减 1。注意，该指令不影响零标志、借位标志和进位标志。指令格式如图 15-7 所示。

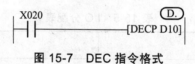

图 15-7　DEC 指令格式

X020 每置 ON 一次，目标 D 指定的软元件内容就减 1。在连续执行指令中，每个扫描周期都将执行减 1 运算，−32 768 或 −2 147 483 648 减 1，成为 ＋32 767 或 ＋2 147 483 647，标志位不动作。

3. 字逻辑运算指令

字逻辑与指令 WAND 的使用格式为 WAND [S1] [S2] [D]。该指令将两个源操作数相与，结果存放到目标元件中。双字逻辑与指令为 DAND。

其他逻辑运算指令为字逻辑或指令 WOR 和 DOR，字逻辑异或指令 WXOR 和 DXOR，以及字求补指令 NEG 和 DNEG。前两条指令的使用方法与字逻辑与相同。字求补指令没有源操作数，只有一个目标操作数。

思考与练习

1. 编程实现如下运算：$Y = 18X/4 - 32$。

2. 用乘法指令实现灯组的位移循环。有一组灯共有 15 只，分别接于 Y000 ~ Y017，要求：当 X000 = ON 时，灯正序每隔 1 s 单个移位，并循环；当 X001 = ON 并且 Y000 = OFF 时，灯反序每隔 1 s 单个移位，至 Y000 位为 ON，停止。

任务16   9 s 倒计时钟

16.1   教学指南

16.1.1   知识目标

（1）掌握 SEGD、FROM、TO、TKY 和 TKH 等指令的用法。

（2）复习 SUB 和 CMP 指令的用法。

16.1.2   能力目标

（1）会使用 SEGD 指令进行梯形图编程，并实现七段数码管的显示。

（2）能熟练使用简易编程器和编程软件。

16.1.3   任务要求

以 9 s 倒计时钟案例为载体，学习 SEGD、FROM、TO、TKY 和 TKH 等指令，复习 SUB 和 CMP 指令，完成控制程序的编写、调试和运行。

16.1.4   相关知识点

功能指令 SEGD、FROM、TO、TKY、TKH。

16.1.5   教学实施方法

（1）项目教学法。

（2）行动导向法。

16.2   任务引入

设计一个 9 s 倒计时钟。要求：接通控制开关，数码管显示"9"，随后每隔 1 s，显示数字减 1，减到"0"时，启动蜂鸣器报警；断开控制开关时，停止显示。

16.3   相关知识点

表 16-1 为七段码译码指令 SEGD 的说明。

表 16-1　SEGD 指令

七段码译码指令		操作数		指令适用格式
P（脉冲型）	SEGD（FNC73）	S（源）	K、H、KnX、KnY、KnM、KnS、T、C、D、V、Z	X000 ─┤├─ [SEGD D0 K2Y000] （S.）（D.）
		D（目标）	KnY、KnM、KnS、T、C、D、V、Z	

七段码译码指令是将源操作数[S]中低四位指定的 0～F（十六进制数）的数据译成七段码显示的数据存入目标 D 中，目标 D 的高 8 位不变。

七段译码表如表 16-2 所示。

表 16-2　七段译码表

值		7段组合数字	预设定								表示的字符
16 进制数	位组合格式		B7	B6	B5	B4	B3	B2	B1	B0	
0	0000		0	0	1	1	1	1	1	1	0
1	0001		0	0	0	0	0	1	1	0	1
2	0010		0	1	0	1	1	0	1	1	2
3	0011		0	1	0	0	1	1	1	1	3
4	0100		0	1	1	0	0	1	1	0	4
5	0101	B0 (顶) B5 B1 (两侧上) B6 (中) B4 B2 (两侧下) B3 (底) ·B7 (小数点)	0	1	1	0	1	1	0	1	5
6	0110		0	1	1	1	1	1	0	1	6
7	0111		0	0	1	0	0	1	1	1	7
8	1000		0	1	1	1	1	1	1	1	8
9	1001		0	1	1	0	1	1	1	1	9
A	1010		0	1	1	1	0	1	1	1	A
B	1011		0	1	1	1	1	1	0	0	b
C	1100		0	0	1	1	1	0	0	1	C
D	1101		0	1	0	1	1	1	1	0	d
E	1110		1	1	1	1	1	0	0	1	E
F	1111		0	1	1	1	0	0	0	1	F

16.4　任务实施

1. I/O 分配表

根据任务要求，需要一个开关接入口（X000）作为输入；数码管要占用 8 个输出口（Y000～Y007），蜂鸣器需要一个输出口（Y010）。I/O 分配表如表 16-3 所示。

表 16-3　I/O 分配表

输入			输出		
输入继电器	输入元件	作用	输出继电器	输出元件	作用
X000	控制开关	控制开关	Y000～Y007	七段数码管	译码信号
			Y010	蜂鸣器	声音报警

2. 梯形图

本项目中，我们可以采用定时器或者特殊辅助继电器 M8013 实现秒信号的获取，同时七段数码管可以通过基本指令 OUT 或者功能指令 SEGD 实现。为了编程方便和使程序简练，我们采用 M8013 和 SEGD 指令实现 9 s 倒计时钟的梯形图设计。图 16-1 为 9 s 倒计时钟梯形图。

仔细观察该梯形图的运行，是否有异常，考虑产生该现象的原因是什么？该如何解决？

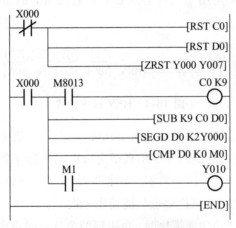

图 16-1　9 s 倒计时钟梯形图

16.5　知识拓展

SEGD 指令属于外部 I/O 设备指令，它是将源操作数内容的低四位译码后送到数码管显示，输出时需占用 7 个点。单条 SEGD 指令一次能驱动一个七位数码显示器。对于晶体管输出的 PLC 而言，还有一条类似指令 SEGL（FNC74），为带锁存的七段显示指令。该指令格式如图 16-2 所示。

图 16-2　SEGL 指令格式

其中 n 用来指定用 12 个扫描周期显示 1 组还是 2 组 4 位数据。若 n = 0～3，则显示 1 组，此时占用 9 个晶体管输出；若 n = 4～7，则显示 2 组，此时占用 12 个晶体管输出。

另外，我们也会经常用到键盘输入指令，此类指令有两条。

1. 十键输入指令 TKY（FNC70）

十键输入指令 TKY 是用于十字键输入数值的指令。该指令格式如图 16-3 所示。

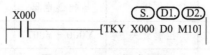

图 16-3　TKY 指令格式

源数据 S 指定输入元件，可以为 X、Y、M 或 S，使用时必须是连续的十个键一起使用，指令中指定开始的那一个键。目标 D1 指定存储元件，为 KnY、KnM、KnS 或 T、C、D、V、Z 等形式，用来存储输入元件输入的数据，该数据以 BCD 码形式存入。目标 D2 指定输出元件，形式为 Y、M、S，指令中给出的也是首个元件。需要注意的是，该指令只能使用一次。

2. 十六键输入指令 HKY（FNC71）

十六键输入指令 HKY 是用十六键写入数值和输入功能的指令。该指令格式如图 16-4 所示。

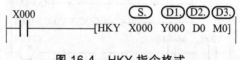

图 16-4　HKY 指令格式

数据源 S 用来指定 4 个输入元件中的首个元件。D1 用来指定 4 个扫描输出元件的首个元件，D2 用来指定输入的存储元件，D3 用来指定读出元件的首个元件。HTY 指令输入分为数字键和功能键，数字键和 TKY 指令类似，功能键 A～F 对应 M0～M5，按下一个功能键后，相应的 M 置 1，其余 5 个为 0。该指令也只能使用一次。

当 PLC 系统中含有扩展的功能模块时，会用到两个重要的指令：FROM 指令和 TO 指令。

3. BFM 读出指令 FROM（FNC78）

BFM 读出指令 FROM 用于将增设的特殊单元缓冲存储器（BFM）的内容读到 PLC 中。该指令格式如图 16-5 所示。

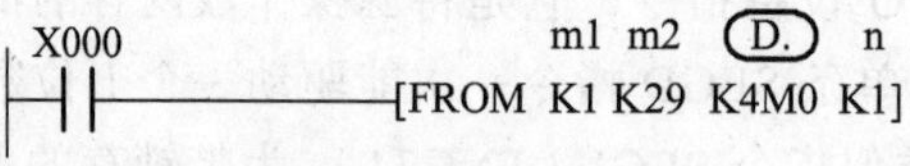

图 16-5　FROM 指令格式

当 X000 = ON 时，将 1 号模块（m1）的 29 号（m2）缓冲器寄存器（BFM）的内容读出，传送到 PLC 的 K4M0（目标 D）中。m1 表示模块号，m2 表示模块的缓冲寄存器（BFM）号，n 表示传送数据的个数。

4. BFM 写入指令 TO（FNC79）

BFM 写入指令 TO 是从 PLC 对特殊单元的缓冲存储器（BFM）写入数据的指令。该指令格式如图 16-6 所示。

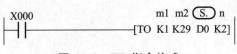

图 16-6　TO 指令格式

当 X000 = ON 时，将 PLC 数据寄存器的 D1、D0（源数据 S）的内容写到 1 号模块（m1）的 30 号、29 号（m2）缓冲寄存器中。m1 表示特殊模块编号，m2 表示特殊模块的缓冲寄存器（BFM）号，n 表示传送数据个数。

思考与练习

1. 试用定时器与 SEGD 指令实现 9 s 倒计时钟显示。
2. 试用 M8013 与 OUT 指令实现 9 s 倒计时钟显示。

任务 17　简易定时报时器

17.1　教学指南

17.1.1　知识目标

掌握区间比较指令 ZCP 和触点比较类指令的用法。

17.1.2　能力目标

（1）能灵活运用区间比较指令和触点比较类指令编程。
（2）能熟练使用简易编程器和编程软件。

17.1.3　任务要求

以简易定时报时器案例为载体，学习区间比较指令 ZCP 和触点比较类指令，完成控制程序的编写、调试和运行。

17.1.4　相关知识点

（1）区间比较指令 ZCP。
（2）触点比较类指令。

17.1.5　教学实施方法

（1）项目教学法。
（2）行动导向法。

17.2　任务引入

利用计数器与比较指令，设计一个 24 h 家用简易定时报时器（以 30 min 为一个单位），要求实现以下控制：
（1）7:00 报时，每 1 s 钟响一次，20 s 后自动停止。
（2）8:30 ~ 18:00，启动报警系统。
（3）19:00，打开照明。
（4）22:00，关闭照明。

17.3 相关知识点

1. 区间比较指令 ZCP（FNC11）

区间比较指令是将一个源数据 S 与另外两个源数据 S1、S2 进行比较，比较的结果送至指定目标元件中（占用连续三个点）的指令。表 17-1 为区间比较指令 ZCP 的说明。

表 17-1 ZCP 指令

区间复位指令		操作数		指令适用格式
D（32 位）	ZCP（FNC11）	S（源）	K、H、KnX、KnY、KnM、KnS、T、C、D、V、Z	X000 ⊣⊢ (S1)(S2)(S.)(D.) [ZCP K000 K120 C30 M3] M3 ⊣⊢ K100＞C30时为ON M4 ⊣⊢ K100≤C30≤K120时为ON
P（脉冲型）		D（目标）	Y、M、S	M5 ⊣⊢ C30＞K120时为ON

源数据 S1 中的内容不得大于 S2 的内容。当 X000 = ON 时，执行 ZCP 指令；当 X000 = OFF 时，即使不执行 ZCP 指令，目标 D 中的内容仍保持 X000 = OFF 之前的状态。

图 17-1 所示为 ZCP 指令的编程实例。

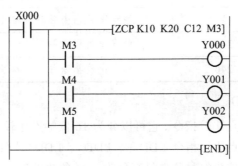

图 17-1　ZCP 指令编程实例

图 17-1 中，当 X000 = OFF 时，不执行区间比较指令，M3 ~ M5 保持以前状态；当 X000 = ON 时，执行 ZCP 区间比较指令，比较结果如下：

若 C12＜K10，M3 = ON，线圈 Y000 输出；

若 K10≤C12≤K20，M4 = ON，线圈 Y001 输出；

若 C12＞K20，M5 = ON，线圈 Y002 输出。

2. 触点比较类指令

触点比较类指令由 LD、AND、OR 和关系运算符组合而成，通过对两个数字关系的比较来实现触点的通、断，如表 17-2 所示。

表 17-2　触点比较指令

指令助记符	FNC 号	指令名称
LD＝	224	触点比较指令运算开始（S1）＝（S2）时导通
LD＞	225	触点比较指令运算开始（S1）＞（S2）时导通
LD＜	226	触点比较指令运算开始（S1）＜（S2）时导通
LD<>	228	触点比较指令运算开始（S1）≠（S2）时导通
LD≤	229	触点比较指令运算开始（S1）≤（S2）时导通
LD≥	230	触点比较指令运算开始（S1）≥（S2）时导通
AND＝	232	触点比较指令串联连接（S1）＝（S2）时导通
AND＞	233	触点比较指令串联连接（S1）＞（S2）时导通
AND＜	234	触点比较指令串联连接（S1）＜（S2）时导通
AND<>	236	触点比较指令串联连接（S1）≠（S2）时导通
AND≤	237	触点比较指令串联连接（S1）≤（S2）时导通
AND≥	238	触点比较指令串联连接（S1）≥（S2）时导通
OR＝	240	触点比较指令并联连接（S1）＝（S2）时导通
OR＞	241	触点比较指令并联连接（S1）＞（S2）时导通
OR＜	242	触点比较指令并联连接（S1）＜（S2）时导通
OR<>	244	触点比较指令并联连接（S1）≠（S2）时导通
OR≤	245	触点比较指令并联连接（S1）≤（S2）时导通
OR≥	246	触点比较指令并联连接（S1）≥（S2）时导通

1）触点比较指令 LD□

LD□是连接母线的触点比较指令。它可以分为 16 位触点比较 LD＝、LD＞、LD＜、LD<>、LD≤、LD≥以及 32 位触点比较指令 LDD＝、LDD＞、LDD＜、LDD<>、LDD≤、LDD≥。LD□触点比较指令的最高位为符号位，最高位为 1 做负数处理。C200 及以后的计数器的触点比较都必须用 32 位指令。图 17-2 为 LD□指令编程实例。

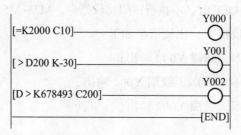

图 17-2　LD□指令编程实例

当计数器 C10 的当前值等于 K200 时，驱动输出 Y000；当 D200 的内容大于 – 30 时，驱动输出 Y001；当计数器 C200 当前值大于 K678493 时，驱动输出 Y002。

2）触点比较指令 AND□

AND□是串联的触点比较指令。它可以分为 16 位触点比较 AND = 、AND>、AND<、AND<>、AND≤、AND≥以及 32 位触点比较指令 ANDD = 、ANDD>、ANDD<、ANDD<>、ANDD≤、ANDD≥。图 17-3 为 AND□指令编程实例。

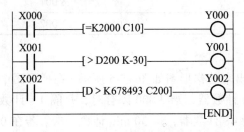

图 17-3　AND□指令编程实例

当 X000 = ON 时，如果 C10 = K200，驱动输出 Y000；当 X001 = ON 时，如果 D200 的内容大于 – 30，驱动输出 Y001；当 X002 = ON 时，如果 C200 的内容大于 K678493，驱动输出 Y002。

3）触点比较指令 OR□

OR□是并联的触点比较指令。它可以分为 16 位触点比较 OR = 、OR>、OR<、OR<>、OR≤、OR≥以及 32 位触点比较指令 ORD = 、ORD>、ORD<、ORD<>、ORD≤、ORD≥。图 17-4 为 OR□指令编程实例。

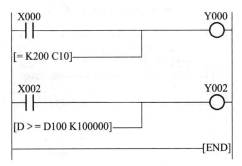

图 17-4　OR□指令编程实例

当 X000 = ON 或者 C10 = K200 时，驱动 Y000 输出；当 X002 = ON 或者 D101、D100 的值大于等于 K100000 时，驱动 Y002 输出。

17.4　任务实施

1. I/O 分配表

根据任务要求，该任务中需要一个启停开关 X000，使用时，在 0:00 启动；同时需要三个输出：闹铃输出为 Y000，报警系统为 Y001，照明系统为 Y002。I/O 分配表如表 17-3 所示。

表 17-3　I/O 分配表

输入		输出	
输入继电器	作用	输出继电器	作用
X000	启停开关	Y000	闹铃输出
		Y001	报警系统
		Y002	照明系统

2. 梯形图

根据控制要求，设计出来的梯形图如图 17-5 所示。在梯形图中，特殊辅助继电器 M8013 为 1 s 脉冲。C0 为 30 min 计数器，当 X000 闭合时，每隔 1 s 计数一次，当计数到达 K1800 时，时间为 30 min。C1 为 48 计数器，每 30 min 计数一次。若在 0:00 启动计时器，则 C1 与实际时间关系如表 17-4 所示。

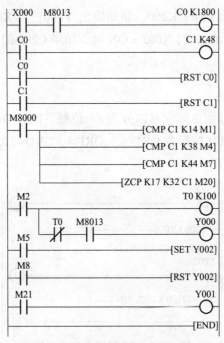

图 17-5　家用简易定时报时器梯形图

表 17-4　C1 与实际时间关系表

C1 当前值	对应时间	备注
K0	0:00	启动计时器
K14	7:00	闹铃启动
K17	8:30	报警系统启动
K36	18:00	报警系统关闭
K38	19:00	照明启动
K44	22:00	照明关闭
K48	24:00	计时器重新启动

17.5 知识拓展

1. 交替输出指令 ALT（FNC66）

交替输出指令 ALT 每执行一次，目标 D 都将反向。目标 D 对应的位软元件有 Y、M、S。该指令格式如图 17-6 所示。

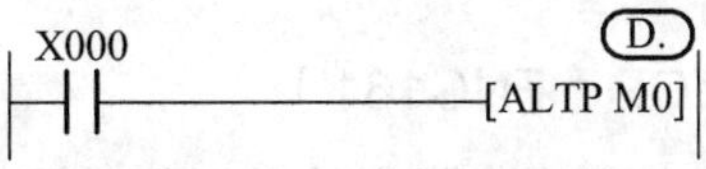

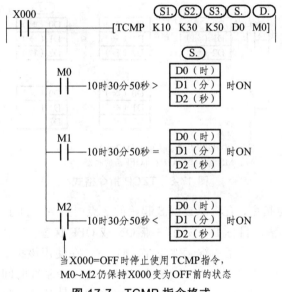

图 17-6 ALTP 指令格式

当驱动输入 X000 每次由 OFF 变为 ON 时，M0 反相。当使用连续执行型指令时，每个运算周期都反相动作。

2. 时钟运算比较指令 TCMP（FNC160）

时钟运算比较指令 TCMP 是将指定时间与时间数据进行大小比较。该指令格式如图 17-7 所示。

图 17-7 TCMP 指令格式

TCMP 指令是 16 位指令，它将源数据 S1、S2、S3 的时间与 S 起始的 3 个时间数据相比较，根据比较情况确定目标 D 起始的 3 点 ON/OFF 状态。S1、S2、S3 适用的软元件为 K、H、KnX、KnY、KnM、KnS、T、C、D、V、Z；S 与 D 占用 3 位，S 适用的软元件为 T、C、D，D 适用的软元件为 Y、M、S。

S1：指定比较基准时间的"时"；
S2：指定比较基准时间的"分"；
S3：指定比较基准时间的"秒"。
S：指定时钟数据的"时"；

S+1：指定时钟数据的"分"；

S+2：指定时钟数据的"秒"。

D、D+1、D+2：根据比较结果位软元件3点 ON 或 OFF 输出。

"时"的设定范围为 0～23；

"分"的设定范围为 0～59；

"秒"的设定范围为 0～59。

3. 时钟区间比较指令 TZCP（FNC161）

时钟区间比较指令 TZCP 是将两个点指定的时间与时间数据进行大小比较。该指令格式如图 17-8 所示。

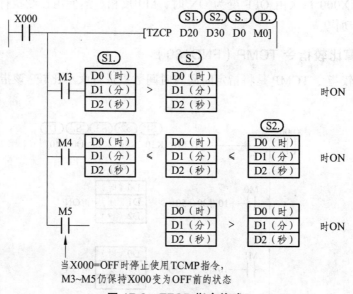

图 17-8　TZCP 指令格式

TZCP 指令是 16 位指令，它将源数据 S 起始的 3 点时钟数据同上下两点的时钟比较范围相比较，根据区域大小输出目标 D 起始的 3 点 ON 或 OFF 状态。S、S1、S2 适用的软元件为 T、C、D；D 占用 3 位，D 适用的软元件为 Y、M、S。在使用该指令时应使 S1≤S2。

S1、S1+1、S1+2：以"时""分""秒"方式指定比较基准时间下限。

S2、S2+1、S2+2：以"时""分""秒"方式指定比较基准时间上限。

S、S+1、S+2：以"时""分""秒"方式指定时钟数据。

D、D+1、D+2：根据比较结果控制位软元件 3 点的 ON/OFF 输出。

"时"的设定范围为 0～23；

"分"的设定范围为 0～59；

"秒"的设定范围为 0～59。

思考与练习

1. 用定时器控制路灯定时亮、灭。要求每天 19:00 开灯，7:00 关灯。

2. 用一个传送带输送工件，工件数量为 20 个，连接 X0 端子的感应传感器对工件进行计数。当工件数量小于 15 时，指示灯常亮；当工件数量等于或大于 15 时，指示灯闪烁；当工件数量为 20 时，10 s 后传送带停机，同时指示灯熄灭。设计 PLC 控制程序，并用 ZCP 指令编程。

3. 用应用指令设计单车道交通灯控制程序，当按下启动按钮时，信号灯系统开始工作，且先南北红灯亮，东西绿灯亮。当按下停止按钮时，所有的信号灯全部熄灭。工作时绿灯亮 25 s，并闪烁 3 次（即 3 s），黄灯亮 2 s，红灯亮 30 s。

任务 18　霓虹灯控制

18.1　教 学 指 南

18.1.1　知识目标

掌握循环移位指令 ROR 和 ROL 的用法。

18.1.2　能力目标

（1）能利用循环移位指令编程，实现灯管控制。
（2）能熟练使用简易编程器和编程软件。

18.1.3　任务要求

以霓虹灯控制案例为载体，学习循环移位指令，完成控制程序的编写、调试和运行。

18.1.4　相关知识点

循环移位指令 ROR、ROL。

18.1.5　教学实施方法

（1）项目教学法。
（2）行动导向法。

18.2　任 务 引 入

现有 8 盏霓虹灯接于 K2Y000，要求当 X000 为 ON 时，霓虹灯以正序每隔 1 s 轮流点亮，当 Y007 亮后，停止 2 s；然后反向逆序每隔 1 s 点亮，当 Y000 再亮后，停 5 s，重复上述过程；当 X000 为 OFF 时，霓虹灯停止工作。

18.3　相 关 知 识 点

1. 右、左循环移位指令

循环移位指令包括右移指令 ROR（FNC30）和左移指令 ROL（FNC31）。
循环移位指令是使 16 位或 32 位数据的各位向右/左循环移动的指令。表 18-1 为右、左循环移位指令说明。D 为要移位的目标操作数，n 为要移动的位数，移出的最后 n 位状态存在进位标志位 M8022 中。

表 18-1　右、左循环移位指令

循环右移指令		操作数		指令适用格式
D（32 位）	ROR（FNC30）	n	K、H 16 位操作：n≤16 32 位操作：n≤32	X000 [RORP D0 K4]
P（脉冲型）		D（目标）	KnY、KnM、KnS、T、C、D、V、Z	
D（32 位）	ROL（FNC31）	n	K、H 16 位操作：n≤16 32 位操作：n≤32	X000 [ROLP D0 K4]
P（脉冲型）		D（目标）	KnY、KnM、KnS、T、C、D、V、Z	

图 18-1 为右、左循环移位指令执行过程示意图。

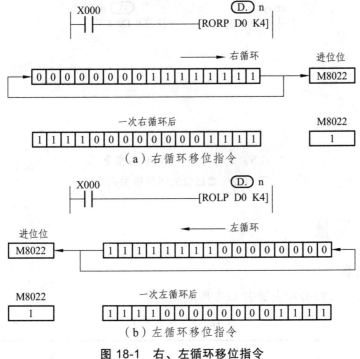

（a）右循环移位指令

（b）左循环移位指令

图 18-1　右、左循环移位指令

　　在 X000 由 OFF 变为 ON 时，循环移位指令执行，将目标操作数 D0 中的各位二进制数向右或者向左移动 4 位，最后一次从目标元件中移出的状态仅存于标志位 M8022 中。当在目标元件中指定元件组的组数时，只能用 K4 或者 K8 表示，即 K4M0（16 位指令）或 K8M0（32 位指令）。在指令的连续执行方式中，每一个扫描周期都会移位一次，所以在实际控制中常用脉冲执行方式。

2. 带进位的循环移位指令

带进位的循环移位指令包括带进位右移指令 RCR（FNC32）和带进位左移指令 RCL（FNC33）。

如图 18-2 所示，当带进位的循环移位指令执行时，将目标操作数 D 的各位二进制数和进位标志位 M8022 一起向右或向左循环移动 4 位。当在目标元件中指定位元件组的组数时，只能用 K4 或 K8 表示。在指令的连续执行方式中，每一个扫描周期都会移位一次，所以在实际控制中常用脉冲执行方式。

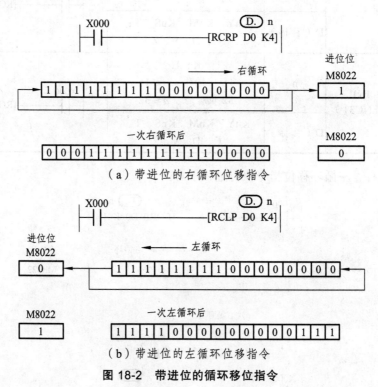

图 18-2　带进位的循环移位指令

18.4　任务实施

1. I/O 分配表

根据任务要求，I/O 分配表如表 18-2 所示。

表 18-2　I/O 分配表

输入		输出	
输入继电器	作用	输出继电器	作用
X000	启动按钮	Y000 ~ Y007	驱动霓虹灯
X001	停止按钮		

2. 梯形图

当按下启动按钮时，霓虹灯正序点亮，此时，霓虹灯的状态应该为 00000001、00000010、00000100……10000000、00000001，由此可知，可以用循环左移指令实现。同样，逆序点亮霓虹灯可以用循环右移指令实现。设计好的梯形图如图 18-3 所示。

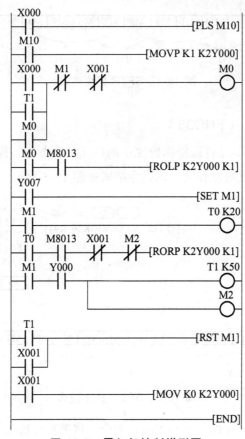

图 18-3　霓虹灯控制梯形图

18.5　知识拓展

1. 位右移指令 SFTR（FNC34）

位右移指令 SFTR 执行时，将源操作数 S 中的位元件状态送入目标操作元件 D 中的高 n2 位中，并依次将目标操作数向右移位。该指令格式如图 18-4 所示。

当 X005 由 OFF 变为 ON 时，执行 SFTR 指令，将源操作数 X3～X0 中的 4 个数送到目标操作数 M 的高 4 位 M15～M12 中，并将 M15～M0 中的数顺次向右移，每次移 4 位。低 4 位 M3～M0 溢出。

在指令的连续执行方式中，每一个扫描周期操作数中的各位二进制数都会移位一次。在实际控制中，常采用脉冲执行方式。

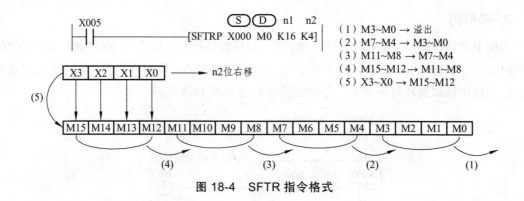

图 18-4　SFTR 指令格式

2. 位左移指令 SFTL（FNC35）

位左移指令 SFTL 执行时，将源操作数 S 中的位元件状态送入目标操作元件 D 中的低 n2 位中，并依次将目标操作数向左移位。该指令格式如图 18-5 所示。

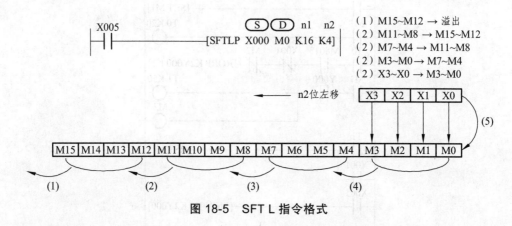

图 18-5　SFT L 指令格式

当 X005 由 OFF 变为 ON 时，执行 SFTL 指令，将源操作数 X3～X0 中的 4 个数送到目标操作数 M 的低 4 位 M3～M0 中，并将 M15～M0 中的数顺次向左移，每次移 4 位。高 4 位 M15～M12 溢出。

在指令的连续执行方式中，每一个扫描周期操作数中的各位二进制数都会移位一次。在实际控制中，常采用脉冲执行方式。

位右移和位左移指令的源操作数可以取 X、Y、M、S，目标操作数可取 Y、M、S。

3. 字位移指令

字位移指令包括字右移指令 WSFR（FNC36）和字左移指令 WSFL（FNC37）。执行时，将指定的源操作数 S 中的二进制数以单位形式送入目标操作数 D 中并向右或者左位移。n1 指定目标操作数的字数，n2 指定每次向前移动的字数。该指令格式如图 18-6 所示。

字右移、字左移指令的源操作数 S 可取 KnX、KnY、KnM、KnS、T、C、D，目标操作数 D 可取 KnY、KnM、KnS、T、C、D，n1、n2 可取 K、H。

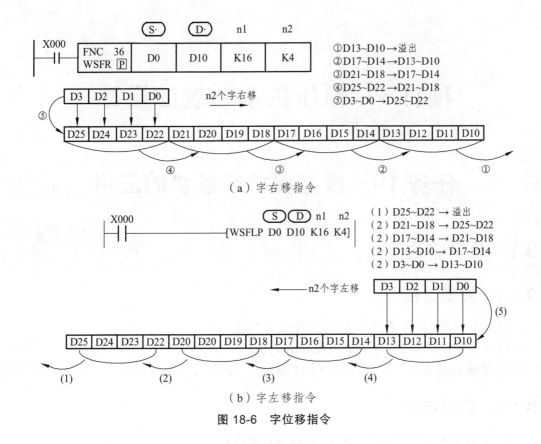

（a）字右移指令

①D13~D10→溢出
②D17~D14→D13~D10
③D21~D18→D17~D14
④D25~D22→D21~D18
⑤D3~D0→D25~D22

（1）D25~D22 → 溢出
（2）D21~D18 → D25~D22
（2）D17~D14 → D21~D18
（2）D13~D10 → D17~D14
（2）D3~D0 → D13~D10

（b）字左移指令

图 18-6　字位移指令

思考与练习

1. 设 D0 的数据为 H1A2B，则执行一次"ROLP　D0　K4"指令后，D0 的数据为多少？进位标志位 M8022 为多少？

2. 设 D0 的数据为 H1A2B，则执行一次"RORP　D0　K4"指令后，D0 的数据为多少？进位标志位 M8022 为多少？

3. 设 Y17～Y0 的初始状态为 0，X3～X0 的位状态为 1001，则执行两次"SFTLP　X0　Y0　K16　K4"指令后，Y17～Y0 的各位状态如何变化？

4. 利用 PLC 实现流水灯控制。某灯光招牌有 24 盏灯，要求当按下启动开关 X0 时，灯以正、反序每间隔 0.1 s 轮流点亮；按下停止按钮 X1，停止工作。

项目 5　恒压供水系统的设计

任务 19　模拟量扩展模块的应用

19.1　教学指南

19.1.1　知识目标

（1）了解三菱 FX 系列 PLC 模拟量扩展模块的基本情况。

（2）掌握 FX_{0N}-3A 模拟量扩展模块的硬件连接方法。

（3）掌握 FX_{0N}-3A 模块的模拟量输入和输出程序的编写和整定方法。

19.1.2　能力目标

（1）掌握三菱 FX 系列 PLC 特殊功模块的功能与特点。

（2）掌握三菱 PLC 对模拟量的应用编程和整定方法。

19.1.3　任务要求

通过 FX_{0N}-3A 模拟量输入/输出模块的学习,掌握三菱 FX 系列 PLC 模拟量输入和输出模块的应用方法。

19.1.4　相关知识点

（1）FX_{0N}-3A 模拟量扩展模块的性能规格和特性。

（2）FX_{0N}-3A 模拟量扩展模块的硬件连接。

（3）缓冲存储器的设置方法。

（4）A/D 转换和 D/A 转换的程序编写方法。

（5）模拟量输入和输出特性的整定方法。

（6）三菱 FX 系列 PLC 模拟量扩展模块的基本情况。

19.1.5　教学实施方法

（1）项目教学法。

（2）行动导向法。

19.2 任务引入

生产过程自动化控制系统中使用的各类传感器和仪器仪表等智能设备，常用连续变化的模拟信号来表示温度、流量、压力、速度等工艺参数，在控制过程中需要对这些工艺参数进行控制和显示。为了便于不同规格型号、不同厂家设备之间的相互连接，就需要按统一的标准提供模拟电压和模拟电流信号。常见的标准模拟电压信号有两种规格，分别为 $0 \sim \pm 10\ V$ 和 $0 \sim \pm 5\ V$；标准模拟电流信号的规格为 $4 \sim 20\ mA$。模拟量模块一般也分为模拟量输入模块和模拟量输出模块两大类。模拟量输入模块的功能是模/数（A/D）转换，将传感器输出的模拟量转换为相应的二进制数据保存在 PLC 的数据缓冲存储器单元中，以便 PLC 进行读取；模拟量输出模块的功能是数/模（D/A）转换，将写入 PLC 数据缓冲存储器单元中的二进制数据转换为相应的模拟量信号输出到控制现场的设备中。PLC 厂家在模拟量输入模块和输出模块通道不多的情况下，也经常把模拟量输入模块和输出模块整合在一个模块中，以便于客户小规模应用时选择。

19.3 相关知识点

19.3.1 FX$_{0N}$-3A 基本情况

三菱 FX$_{0N}$-3A 模拟量特殊功能模块是一个 8 位精度的模拟量输入和输出混合模块，具有两个输入通道和一个输出通道。输入通道接收模拟信号并将模拟信号转换成数字值；输出通道把 PLC 内部处理的数字值转换为等量的模拟信号。FX$_{0N}$-3A 模块的外观如图 19-1 所示。

图 19-1　FX$_{0N}$-3A 模块

FX$_{0N}$-3A 具有以下一些特点：

（1）模块的最大分辨率为 8 位。

（2）FX$_{0N}$-3A 可以连接到 FX$_{1N}$、FX$_{0N}$、FX$_{2N}$、FX$_{2NC}$ 系列 PLC 上。电压或电流输入/输出方式由用户自己根据需要选择，或通过模块上硬件接线方式选择。

（3）所有数据传输和参数设置都是通过 PLC 中的 TO/FROM 指令或通过 PLC 对 FX$_{0N}$-3A 软件编程实现的。

（4）PLC 基本单元和 FX$_{0N}$-3A 之间的通信设有光电耦合器保护，在 PLC 扩展母线上占用 8 个 I/O，8 个 I/O 点可以分配给输入或输出。

（5）与 PLC 连接时，FX_{0N} 系列 PLC 最多可以连接 4 个 FX_{0N}-3A 模块，FX_{1N} 系列最多可以连接 5 个 FX_{0N}-3A 模块，FX_{2N} 系列最多可以连接 8 个 FX_{0N}-3A 模块。

（6）在连接特殊功能模块时，需要注意特殊功能模块的电流消耗和基本模块的供电能力。

• 一个 FX_{0N}-3A 模块单元在 DC 24 V 时的消耗电流为 90 mA。连接到 FX 系列 PLC 基本单元或扩展单元的所有特殊功能模块总的消耗绝不能超过系统的电源容量。

• FX_{2N}：I/O 点数小于等于 32 点的主单元和带电源的扩展单元可供特殊功能块的消耗电流 ≤190 mA。

• FX_{2N}：I/O 点数大于等于 48 点的主单元和带电源的扩展单元可供特殊功能块的消耗电流 ≤300 mA。

• FX_{2NC}：不管系统 I/O 配置如何，特殊功能模块至少可以连接 4 个。

• $FX_{20N/1N}$：主单元和带电源的扩展单元，不管系统 I/O 配置如何，FX_{0N}-3A 特殊功能模块至少可以连接 2 个。

19.3.2 FX_{0N}-3A 硬件连接

FX_{0N}-3A 模块和基本单元是通过基本单元右边的电缆连通的，模块接线如图 19-2 所示。

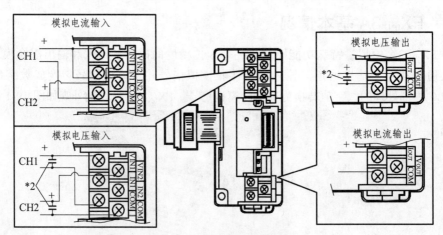

图 19-2 FX_{0N}-3A 模块接线图

FX_{0N}-3A 模块的 2 个模拟输入通道分为通道 1 和通道 2，可以通过接线方式选择模拟电压输入或模拟电流输入。这两个通道使用相同的偏置量和增益值，所以不能一个通道作为模拟电压输入而另一个通道作为模拟电流输入。当使用电压输入时，输入信号连接 VIN 端子；当使用电流输入时，输入信号连接 IIN 端子。

输出通道将 8 位二进制数字量转换为模拟量，然后输出，根据接线方式可在电压输出或电流输出中选择一种。当使用电压输出时，输出信号连接 V_{OUT} 端子；当使用电流输出时，输出信号连接 I_{OUT} 端子，特别注意 V_{OUT} 和 I_{OUT} 端子不要短路。

当设置为模拟电压输入/输出时，存在大量噪声或波动，在电压端子与 COM 端子之间连接一个 0.1 ~ 0.47 μF，DC 25 V 的电容，可以增强电压抗干扰的能力。电流输入/输出具有较高的抗干扰能力，所以设置为电流输入/输出模式时不需要增加该电容。

19.3.3 FX_{0N}-3A 性能规格

FX$_{0N}$-3A 是 8 位精度的 2 路模拟输入和 1 路模拟输出的混合模块，其输入和输出规格如表 19-1～19-3 所示。

表 19-1 模拟量输入

项目	电压输入	电流输入
模拟输入范围	DC 0～10 V，输入电阻为 20 kΩ	4～20 mA，输入电阻为 250 kΩ
数字输出	8 bit（数值 255 以上，则固定为 255）	
运算执行时间	TO 命令处理时间×2＋FROM 命令处理时间	
交换时间	100 μs	

表 19-2 模拟量输出

项目	电压输出	电流输出
模拟输出范围	DC 0～10 V，外部负载为 1 kΩ～1 MΩ	DC 4～20 mA，外部负载为 500 kΩ 以下
数字输入	8 bit	
运算执行时间	TO 命令处理时间×3	

表 19-3 共同规格

分辨率	40 mV（10 V/250），20 mV（5 V/250）	64 μA MIN{（20～4 mA）/250}
总合精度	+/−1%（对应全体）	
绝缘方式	利用热电耦及 DC/DC 变换器，对输入与输出以及 PLC 的电源间进行绝缘	
模拟用电源	由 PLC 供电	
输入输出占用点数	程序上 8 点（在输入输出任何一方都可计数）	

19.3.4 FX_{0N}-3A 输入特性

FX$_{0N}$-3A 的输入特性曲线如图 19-3 所示。

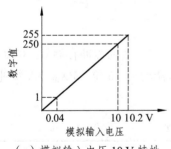
（a）模拟输入电压 10 V 特性

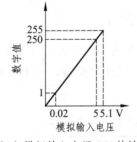
（b）模拟输入电压 5 V 特性

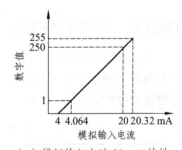
（c）模拟输入电流 20 mA 特性

图 19-3 FX$_{0N}$-3A 模拟信号输入特性

图 19-3 中横坐标表示输入的模拟信号，纵坐标表示经过 A/D 转换后的数字值。FX$_{0N}$-3A 出厂时，已为 0～10 V 直流电压输入选择了 0～250 V 范围。当输入电压为 0.04 V 时，数字值为 1；当输入电压为 10.0 V 时，数字值为 250 时；当输入电压大于 10.2 V 时，数字值最大

为 255。从输入/输出特性曲线我们看出模拟量输入信号与数字值呈线性关系。通过调整 FX$_{0N}$-3A 模块的偏置和增益参数，也可以选择 0~5 V 直流电压输入。输入和输出的关系式为：

输入模拟电压转换数字值：$255 \times 10 \div 10.2 = 250$

输入模拟电流转换数字值：$255 \times (20 - 4) \div (20.32 - 4) = 250$

通过调整偏置和增益，还可以选择 4~20 mA 直流电流输入，输入特性如图 19-3（c）所示。当输入电流为 4 mA 时，数字值为 0；当输入电流为 4.064 mA 时，数字值为 1；当输入电流为 20 mA 时，数字值为 250；当输入电流大于 20.32 mA 时，数字值最大为 255。

19.3.5　FX$_{0N}$-3A 输出特性

FX$_{0N}$-3A 的输出特性曲线如图 19-4 所示。

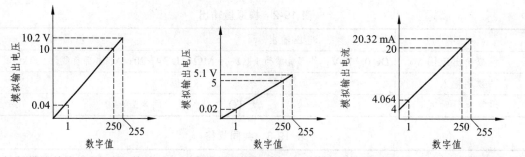

（a）模拟输出电压 10 V 特性　（b）模拟输出电压 5 V 特性　（c）模拟输出电流 20 mA 特性

图 19-4　FX$_{0N}$-3A 模拟量信号输出特性

从图中可以看出如下关系：

输出数字值转换成模拟电压：$255 \times 10 \div 250 = 10.2$

输出数字值转换成模拟电流：$255 \times (20 - 4) \div 250 + 4 = 20.32$

通过调整偏置和增益，可以选择 4~20 mA 直流电流输出，输入特性如图 19-4（c）所示。当数字值为 0 时，输出电流为 4 mA；当数字值为 1 时，输出电流为 4.064 mA；当数字值为 250 时，输出电流为 20 mA；当数字值大于 255 时，输出电流大于 20.32 mA。

19.3.6　缓冲存储器（BFM）

三菱 FX 系列 PLC 对特殊功能模块的控制是通过操作特殊功能模块的缓冲存储器（BFM）来实现的。FX$_{0N}$-3A 内部共有 32 个缓冲存储器，每个缓冲存储器均为 16 位。FX$_{0N}$-3A 缓冲存储器的分配如表 19-4 所示。

表 19-4　FX$_{0N}$-3A 缓冲器存储器的分配

BFM 编号	b15~b8	b7	b6	b5	b4	b3	b2	b1	b0
0	保留	存储 A/D 通道的当前值输入数据（8 位、0~255）							
16	保留	存储 A/D 通道的当前值输出数据（8 位、0~255）							
17	保留					D/A 启动	A/D 启动	A/D 通道	
1~5、18~31	保留	保留							

缓冲存储器 # BFM17 说明如下：

b0 = 0——选择模拟量输入通道 1；

b0 = 1——选择模拟量输入通道 2；

b1 = 0→1——启动 A/D 转换处理；

b1 = 1→0——复位 A/D 转换；

b2 = 0→1——启动 D/A 转换处理；

b2 = 1→0——复位 D/A 转换。

PLC 基本单元对 FX_{0N}-3A 模块的控制是通过特殊功能指令 FROM/TO 对 FX_{0N}-3A 内部缓冲存储器（BFM）的位进行控制来实现的。例如 # BFM17 的 b0 = 0 表示选择模拟量输入通道 1；b1 由 0 变为 1 时，就启动 A/D 转换处理。

1. 特殊模块读（FROM）指令

FROM 指令是将特殊单元缓冲存储器（BFM）的数据读到 PLC 的指令。PLC 基本单元和 FX_{0N}-3A 模块的数据和参数设置都是通过 PLC 的特殊单元模块读/写指令 FROM/TO 完成的。特殊模块读取指令 FROM 的助记符、操作数等如表 19-5 所示。

表 19-5　FROM 指令

特殊模块读取指令		m1	m2	操作数		n
D	FNC78 FROM			S		
P				KnX、KnY、KnM、KnS、T、C、D、V、Z		

现对特殊模块读取指令说明如下：

m1：0 ~ 7 特殊单元，特殊模块编号；

m2：缓冲存储器（BFM）号；

n：传送点数（1 ~ 32 767）。

FROM 指令执行时，读取 m1 指定的模块号中第 m2 个 BFM 开始的连续 n 个数据，送到目标操作数 D 开始的连续 n 个存储单元。FROM 指令使用范例如下：

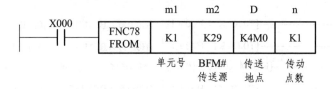

该指令表示从特殊单元（模块）N0.1 的缓冲存储器（BFM）#29 中读出 16 位数据传送至 PLC 的 K4M0 中。X000 为 ON 时执行读出，X000 为 OFF 时，不执行传送，传送地点的数据不变化。脉冲指令执行后也同样。

2. 特殊模块写（TO）指令

TO 指令是将 PLC 中的数据写入特殊单元的缓冲存储器（BFM）中去的指令。特殊模块写指令 TO 的助记符、操作数等如表 19-6 所示。

表 19-6 TO 指令

特殊模块读取指令		操作数			
D	FNC79	m1	m2	S	n
P	TO			KnX、KnY、KnM、KnS、T、C、D、V、Z	

现对特殊模块写入指令说明如下:

m1: 0~7 特殊单元,特殊模块编号;

m2: 缓冲存储器(BFM)号;

n: 传送点数(1~32767)。

TO 指令执行时,把操作数 S 指定开始的连续 n 个字数据写入 m1 指定的模块号中第 m2 个 BFM 开始的 n 个单元中。TO 指令使用范例如下:

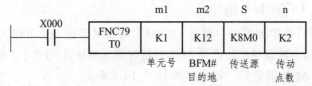

该指令表示将 K8M0 共 32 数据信息写入特殊单元(模块)N0.1 的缓冲存储器(BFM) #12、#13 中。X000 为 ON 时执行写入,X000 为 OFF 时,不执行传送。

19.4 任务实施

19.4.1 A/D 转换和 D/A 转换程序

任务要求:通过 FX$_{2N}$ 系列 PLC 基本单元对 FX$_{0N}$-3A 模拟量扩展模块的模拟量输入和输出信号进行读写操作。

具体的任务内容为:将 0~10 V 可调的直流电源作为模拟电压输入,将 A/D 转换的数字值存入 PLC 的数据寄存器 D10 和 D11,并在程序监控状态下读取输入电压分别为 0 V、1 V、2 V、5 V、8 V、10 V、10.2 V 时的数字值;将 D12 的数字值(0、1、4、16、32、64、125、255)转换成模拟量输出,通过电压表检测模拟输出值的大小。该任务的控制程序如图 19-6 所示。

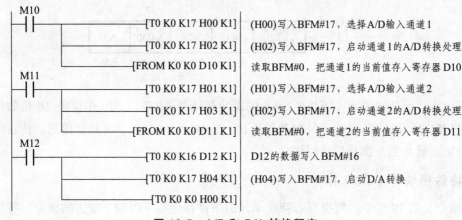

图 19-5 A/D 和 D/A 转换程序

在图 19-6 所示的程序中，M10 和 M11 作为 A/D 转换启动开关，M12 作为 D/A 转换启动开关。通过实验得到的数据，同学们可以绘出该模块的输入、输出特性曲线，并与该模块的标准曲线进行比较。

19.4.2 模拟量输入、输出特性的调整

1. A/D 校准的方法

FX$_{0N}$-3A 出厂默认值是 DC 0 ~ 10 V，数字值为 0 ~ 255。如果用于 0 ~ 10 V 外的电压输入/输出和电流输入时，需要重新调整偏置和增益。FX$_{0N}$-3A 的两个模拟量输入通道共享相同的配置，因此，只需要选择一个通道就可以对两个模拟量输入通道进行校准。校准时需要外部的电压发生器、电流发生器、电压表、安培计等辅助仪器仪表进行连接和调整。具体的硬件连接参见三菱公司相关技术资料。A/D 校准程序如图 19-6 所示。

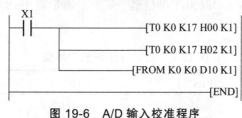

图 19-6 A/D 输入校准程序

1）输入偏置校准

当 X1 状态为 ON 时，运行如图 19-6 所示的程序。在模拟量输入通道 1 中输入表 19-7 中第二行所示的电压或电流值，调整 A/D OFFSET 电位器，使输入偏置校准值为 0.04 V（模拟量输入范围 0 ~ 10 V）时读入 D0 的数值为 1。A/D OFFSET 电位器在顺时针调整时数字量增大，逆时针调整时数字量减小。

表 19-7 输入偏置/增益校准值

模拟量输入范围	0 ~ 10 V	0 ~ 5 V	4 ~ 20 mA
输入偏置校准值	0.04 V	0.02 V	4.064 mA
输入增益校准值	10 V	5 V	20 mA

如表 19-7 所示，模拟量输入范围为 0 ~ 5 V 时，D0 的数值为 1 时的输入偏置校准值为 0.02 V；模拟量输入范围为 4 ~ 20 mA 时，D0 的数值为 1 时的输入偏置校准值为 4.064 mA。

2）输入增益校准

当 X1 的状态为 ON 时，运行如图 19-6 所示的程序。在模拟输入通道 1 中输入表 19-7 中第三行所示的电压或电流值，调整 A/D GAIN 电位器，使输入增益校准值为 10 V 时读入 D0 的数值为 250。A/D GAIN 电位器在顺时针调整时数字量增大，逆时针调整时数字量减小。当需要使 8 位分辨率最大化时，增益调节中使用的数字值 250 应该用 255 替代。

2. D/A 校准的方法

D/A 校准的程序如图 19-7 所示。

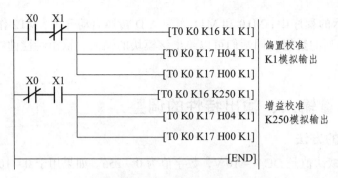

图 19-7　D/A 输入校准程序

1）输出偏置校准

当 X0 的状态为 ON，X1 的状态为 OFF 时，运行图 19-7 所示的程序。将十进制常数 1 转换为模拟量输出。调整 D/A OFFSET 电位器，使输出满足表 19-8 中第二行输出偏置校准值所示的电压/电流值。

表 19-8　输出偏置/增益校准值

模拟量输出范围	0～10 V	0～5 V	4～20 mA
输出偏置校准值	0.04 V	0.02 V	4.064 mA
输出增益校准值	10 V	5 V	20 mA

2）输出增益校准

当 X0 的状态为 OFF，X1 的状态为 ON 时，运行图 19-7 所示的程序。将十进制常数 250 转换为模拟量输出。调整 D/A GAIN 电位器，使输出满足表 19-5 第三行输出增益校准值所示的电压/电流值。当需要使 8 位分辨率最大化时，增益调节中使用的数字值 250 应该用 255 替代。

19.5　知 识 拓 展

19.5.1　三菱模拟量扩展模块的规格

三菱 FX_{2N} 系列 PLC 常用的普通模拟量扩展模块规格如表 19-9 所示。这些扩展模块可与 FX_{0N}、FX_{1N}、FX_{2N}、FX_{2NC} 系列的 PLC 连接使用。

表 19-9　PLC 常用普通模拟量扩展模块规格

型号	模拟量输入点	模拟量输出点	数字位	数字范围	耗电（5 V）
FX_{2N}-2AD	2		12	0～4 000	20 mA
FX_{2N}-4AD	4		12	−2 000～+2 000	30 mA
FX_{2N}-8AD	8		16	−163 840～+16 384	50 mA
FX_{2N}-2DA		2	12	0～4 000	20 mA
FX_{2N}-4DA		4	12	−2 000～+2 000	30 mA
FX_{0N}-3A	2	1	8	0～250	30 mA

模拟量扩展模块和其他使用 FROM/TO 指令的扩展模块统称为特殊模块。特殊模块供电电源 DC + 5 V 由 PLC 基本单元或扩展单元的内部电源通过扩展电缆供电，不需要外部电源单独提供。

19.5.2 扩展模块的连接与编号

FX_{2N} 系列扩展单元或扩展模块通过扩展电缆连接到 PLC 基本单元的右侧，如图 19-9 所示。I/O 扩展单元或扩展模块序号是从基本单元开始，按连接顺序分配八进制数字组成的。特殊模块根据靠近 PLC 的基本单元的位置，依次从 0 到 7 编号，最多可以连接 8 个特殊模块。FX_{2N}-16EYR、FX_{2N}-8EX、FX_{2N}-8EYR 三个扩展单元和特殊模块 FX_{0N}-3A 与 PLC 基本单元的连接如图 19-8 所示。

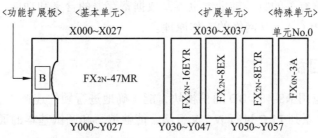

图 19-8　基本单元、扩展模块、特殊模块连接图

图 19-8 中，基本单元 FX_{2N}-48MR 输入接点信号编号是 X000 ~ X027，输出接点编号为 Y000 ~ Y027。第一个输出扩展模块是 FX_{2N}-16EYR，输出接点编号从 Y027 之后连续进行编号，该模块有 16 个继电器输出点，所以编号为 Y030 至 Y047。同理，第二个扩展模块是 FX_{2N}-8EX，输入接点编号从 X027 之后开始进行编号，编号为 X030 ~ X037。第三个扩展模块是 FX_{2N}-8EYR，输出接点编号为 Y050 ~ Y057。第四个是模拟量扩展模块 FX_{0N}-3A，该模块是一个 2 路模拟量输入和 1 路模拟量输出模块。

思考与练习

1. FX_{0N}-3A 模拟量模块有哪些特点？
2. 简述 FX_{0N}-3A 缓冲存储器的定义及使用方法。
3. 写出将 FX_{0N}-3A 输入特性调整为 0 ~ 10 V 电压对应 0 ~ 255 数字值的程序和操作步骤。
4. 外部模拟量输入电流信号是 4 ~ 20 mA，如何通过 FX_{0N}-3A 进行采集？试画出硬件连接图和编制程序。
5. 写出将 FX_{0N}-3A 输出特性调整为 0 ~ 255 数字值对应 0 ~ 10 V 电压的程序和操作步骤。

任务 20 三菱 FX 系列 PLC 的网络应用

20.1 教学指南

20.1.1 知识目标

（1）掌握 PLC 通信的基本知识，理解主站、从站的概念。
（2）掌握与通信有关的特殊辅助继电器及数据寄存器的含义和功能。
（3）掌握三菱 PLC $N:N$ 网络的工作原理。

20.1.2 能力目标

（1）能够正确应用 RS-485-BD 通信模块，能正确地进行硬件连接。
（2）能够对 FX 系列 PLC 进行 $N:N$ 组网，能够编写和调试基本的通信程序。

20.1.3 任务要求

通过三菱 FX 系列 PLC 的网络知识的学习，掌握三菱 FX 系列 PLC 网络的应用方法。

20.1.4 相关知识点

（1）通信协议：并行通信、串行通信、单工通信、双工通信、通信介质。
（2）通信接口标准：RS-232C、RS-485、RS-422。
（3）三菱通信模块：FX_{2N}-232-BD、FX_{2N}-485-BD。
（4）数据通信类型：$N:N$ 网络、并行连接、计算机连接、无协议通信。
（5）PLC 与 PLC 之间的通信。
（6）PLC 与计算机之间的通信。
（7）PLC 与变频器之间的通信。

20.1.5 教学实施方法

（1）项目教学法。
（2）行动导向法。

20.2 任务引入

PLC 通信是指 PLC 与计算机、PLC 与现场智能设备、PLC 与 PLC 之间的数据信息交换。随着电子信息技术和通信技术的发展，工业自动化也得到了快速发展，自动化控制系统从传统的集中式控制向分布式控制方向发展。作为构成自动化控制系统的基本单元，PLC 在完成传统逻辑控制、数据处理等基本功能的基础上增加了很多功能，特别是增强了网络通信能力。为了适应客户对网络通信处理能力的需求，几乎所有 PLC 厂家都为 PLC 开发了与上位机通信的接口和专用通信模块。在小型 PLC 上一般都设有 RS-422 或 RS-232C 通信接口；在中大型 PLC 上都设有专用的通信模块，配置有厂家专用通信协议和通用的工业以太网。例如，三菱 FX 系列 PLC 设有标准的 RS-422 和 RS-232C 通信接口，以及 CC-Link 通信协议。

PLC 与计算机、现场设备之间的信息交换方式，一般为字符串、双工或半工、异步、串行通信方式。运用 RS-232C 和 RS-422 通道，比较容易配置成与外部计算机进行通信的系统。该通信系统中 PLC 接收现场设备中的各种控制信息，分析处理后转化为 PLC 中软元件的状态和数据。PLC 将这些数据和状态信息送入计算机，由计算机对这些数据进行后期的分析和处理。计算机不但可以对 PLC 寄存器的数据进行监控，还可以对它们进行初始值设定和参数设置，从而实现计算机对 PLC 的直接控制。

20.3　相关知识点

PLC 的通信模块用来完成与其他 PLC、智能设备或计算机的通信。下面简单介绍一下 FX_{2N} 系列 PLC 常用的通信功能扩展板、适配器和通信模块。

20.3.1　RS-232C 通信模块

RS-232C 通信方式可以采用 FX_{2N}-232-BD 通信扩展模块、FX_{0N}-232ADP、FX_{2N}-232IF 来实现。三种通信模块的外形和特点如图 20-1 所示。

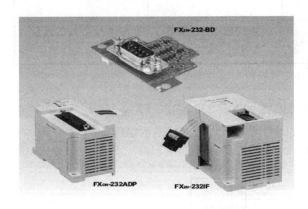

特点：
- FX_{0N}-232ADP

  绝缘型 RS-232C 通信用适配器；

  在 FX_{0N} 单元上可于左侧连接 1 台（如使用在 FX_{2N} 系列上，需用 FX2N-CNV-BD 作变换）。
- FX_{2N}-232-BD

  在 FX_{2N} 单元上可装 1 个该模块；

  除了同各种 RS-232C 机器进行通信外，还可以对序列程序进行传送、监视（专用个人机用软件）。
- FX_{2N}-232IF

  在 FX_{2N} 系列上可最多连接 8 台；

  利用 FROM/TO 命令进行通信，收发 PLC 的数据。

图 20-1　FX_{0N}-232 模块的外形及特点

FX_{2N}-232-IF 通信接口模块可与配置有 RS-232C 接口的设备进行全双工无协议通信，例如与个人计算机、打印机、条形码阅读器等外设进行通信。在 FX_{2N} 系列上最多可以连接 8 个 FX_{2N}-232-IF 模块。用 FROM/TO 指令进行数据的收发。该通信方式最大传输距离为 15 m，最高波特率为 19 200 bps，占用 8 个 I/O 点，数据长度、波特率等通信参数通过 PLC 的特殊寄存器进行设置。

FX$_{2N}$-232-BD 通信扩展板是以 RS-232C 通信标准方式连接 PLC 到其他智能设备的接口板，例如个人计算机、打印机、条形码阅读器等，安装在 FX$_{2N}$ 的基本单元上。用 FROM/TO 指令进行数据的读写。与 FX$_{2N}$-232-IF 通信接口模块特性一样，其最大通信传输距离为 15 m，最高波特率为 19 200 bps，数据长度、波特率等通信参数通过 PLC 的特殊寄存器进行设置。RS-232C 通信模块的规格参数如表 20-1 所示。

表 20-1　RS-232C 通信规格

规格	内容		
型号	FX$_{0N}$-232ADP	FX$_{2N}$-232-BD	FX$_{2N}$-232IF
适用 PLC 系列	FX$_{0N}$ 系列（FX$_{2N}$[*1]）	FX$_{2N}$ 系列	FX$_{2N}$ 系列
传送规格	RS-232C		
绝缘方式	光电耦合器绝缘	非绝缘	光电耦合器绝缘
传送距离	15 m	15 m	15 m
消耗电流	200 mA/DC 5 V（PLC 供电）	30 mA/DC 5 V（PLC 供电）	40 mA/DC 5 V（PLC 供电）、80 mA/DC 24 V
通信方式	半二重双向方向/全二重调步同期（对应 FX$_{2N}$ V2.00 以后产品）		全二重调步同期
数据长度	7 位或 8 位		
奇偶	无·奇数·偶数		
停止	1 位或 2 位		
波特连率	300/600/1 200/2 400/4 800/9 600/19 200 bps		
标题	没有或任意数据		没有或收信最大 4 字节
终端	没有或任意数据		没有或收信最大 4 字节
协议为步骤[*2]	无步骤·专用协		
主要可连接机器	各种 RS-232C 机器	各种 RS-232C 机器	各种 RS-232C 机器
附属件	—	螺钉（2 个）	—

*1——FX$_{0N}$ 使用时，需加上 FX$_{2N}$-CNV-BD 模块；*2——专用协议对应于形式 1 或形 4。

RS-232C 通信方式采用 FX$_{2N}$-232-BD 通信扩展、FX$_{0N}$-232 ADP、FX$_{2N}$-232IF 来实现，通信模块与外设（打印机、个人计算机、条码读出器等）常见的通信系统结构如图 20-2 所示。

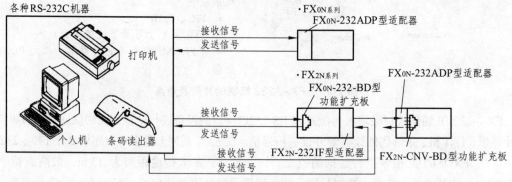

图 20-2　RS-232C 通信系统结构图

20.3.2 RS-485 通信模块

FX$_{2N}$ 系列 PLC 除了采用 RS-232C 通信方法外，还常采用 RS-485 通信方法。RS-485 通信可以采用 FX$_{0N}$-485ADP 通信单元、FX$_{2N}$-485-BD 通信扩展板来实现，可以对 FX 系列 PLC 进行集中监控。这两种通信模块的外形和特点如图 20-3 所示。

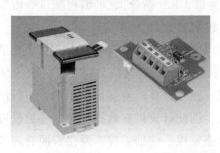

特点：
- FX$_{0N}$-485ADP
  在 FX$_{0N}$ 系列上可接 1 块。是可同计算机通信的绝缘型适配器，如和 FX$_{2N}$-CNV-BD 一起使用，也可和 FX$_{2N}$ 系列连接
- FX$_{2N}$-485-BD
  在 FX$_{2N}$ 单元上可连接一块。除和计算机通信外，还可以在 2 台 FX$_{2N}$ 单元间进行并列连接

图 20-3 RS-485 模块外形和特点

FX$_{2N}$-485-BD 通信扩展板应用于 RS-485 通信时，可以采用无协议的数据传输和 RS 指令与个人计算机、打印机、条形码阅读器等智能设备进行数据通信。该通信方式最大传输距离为 50 m，最高波特率为 19 200 bps，数据长度、波特率等通信参数通过 PLC 的特殊寄存器进行设置。每一台 FX$_{2N}$ 系列的 PLC 可以安装一块 FX$_{2N}$-485-BD 通信接口板。该通信板除实现与计算机的通信外，还可以实现 FX$_{2N}$ 系列 PLC 之间的通信。

通过 RS-485 通信可以实现并列连接（1 : 1）、计算机连接（1 : 1）、简易的 PLC 之间的连接（$N : N$）。

20.3.3 RS-422 通信模块

FX$_{2N}$ 系列 PLC 还有另一种通信方法，即 RS-422 通信。RS-422 通信采用 FX$_{2N}$-422-BD 通信扩展板来实现，可以连接到 FX$_{2N}$ 系列的 PLC 的基本单元上，作为编程接口或监控工具的一个端口。当使用 RS-422-BD 时，两个 DU 系列人机界面单元可连接到 FX$_{2N}$，或者一个 DU 系列单元和一个编程工具连接到 FX$_{2N}$，但是，一次只能连接一个编程工具或 DU。同时应注意，FX 系列 PLC 最多只能有一个 RS-422-BD 接到基本单元上，而且 RS-422BD 不能与 FX$_{2N}$-485-BD 或 FX$_{2N}$-232-BD 一起使用。

FX$_{2N}$-422-BD 模块的外形和特点如图 20.4 所示。

特点：
- 可连接 PLC 用外部设备以及数据存取单元（DU），人机界面（GOT）
- 可以与标准装备的外部设备连接器一起同时将 2 台外部设备接在 FX$_{2N}$ 上
- 因为安装在 PLC 单元上，所以不需要安装空间

图 20-4 FX$_{2N}$-422-BD 模块的外形和特点

20.4 任务实施

20.4.1 PLC与PC通信

三菱FX$_{2N}$系列PLC设计了多种通信方式，常用的有以下几种：$N:N$通信网络、并联连接、计算机连接、变频器通信、CC-Link、无协议通信（RS指令）、可编程端口通信等。下面我们重点介绍FX$_{2N}$系列PLC与计算机、变频器和PLC之间的通信。

PLC与计算机通信是PLC通信中最基本也是最常见、最通用的一种通信形式，几乎所有种类的PLC都具有与计算机通信的功能。PLC与计算机之间的通信又叫上位通信。与PLC通信的计算机常称为上位计算机，PLC称为下位机。由于计算机直接面向用户，编程调试方便，应用软件丰富，人机界面友好，网络功能强大，因此计算机在数据处理、参数设置、文字处理、系统管理、图像显示、打印报表、工作状态监视、辅助编程、网络资源管理等方面有绝对的优势，所以与计算机通信是PLC最常见也是最基本的功能。计算机与PLC通信示意图如图20-5所示。

PLC与计算机的通信主要是通过RS-232C、RS-422、RS-485接口进行的。计算机上的通信接口是标准的RS-232C接口，当PLC上的通信接口也是RS-232C时，直接使用适配电缆进行连接就实现了计算机与PLC的通信。如果PLC上的通信接口是RS-422A或RS-485，必须在PLC与计算机之间加一个RS-232C/RS-422或RS-232C/RS-485的转换接口电路，再用适配电缆进行连接，实现PLC与计算机通信的通信。PLC与计算机通信时一般不需要专用的通信模块，最多只需要一个RS-232C与RS-422的通信转换模块。FX$_{2N}$系列PLC常采用的通信接口转换模块是SC-09和FX-232A，通信标准采用RS-232C。例如，FX$_{2N}$系列PLC自带的编程口通过SC-09（RS-422）编程电缆就实现了与计算机的连接。

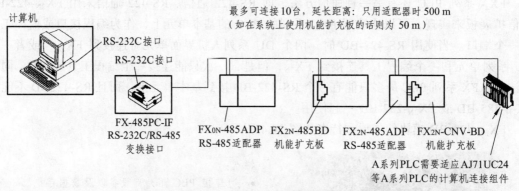

图 20-5　PLC与计算机通信

20.4.2 PLC与PLC通信

在工业自动化控制系统中，随着控制规模的扩大、控制对象和控制任务的复杂度日益提高，控制系统如果仅靠增大PLC点数来实现复杂的控制功能，会增加设计和施工的复杂度和成本。通常解决该问题的方案是采用多台 PLC 独立控制，通过网络通信来实现各独立 PLC 间的数据信息交换。这些独立的 PLC 有各自不同的任务分配，进行各自的控制，同时它们之间又相互联系、相互通信，实现一个大规模系统控制的目的。PLC 网络系统根据规模和级联数分类，一般分为现场控制层、数据交换层、信息管理层三级。PLC 与 PLC 之间的通信属于数据交换层。

常见的通信系统是一台 PLC 只连接有一个通信模块，再通过连接适配器将两台或两台以上 PLC 相连，实现一个简单 PLC 之间的通信系统。最简单的通信系统是两台 PLC 通信：当两个 PLC 相距较近时，用一根 RS-485 标准电缆直接将两个与 PLC 的通信模块相连即可；当两个 PLC 相距较远时，通信模块之间要用一根光缆和两个光电转换适配器来连接。如果 PLC 的数量超过两个，就需要增加连接适配器的个数。多级通信系统通常是一台 PLC 连接两个或两个以上通信模块，通过通信模块将多台 PLC 连在一起组成的通信系统。常用多级网络系统是在 PLC 与 PLC、PLC 与变频器通信的基础上增加监控层，进行数据收集、处理和运行状态的监控。

1. N：N链接通信

N：N 网络是三菱 FX 系列 PLC 通信系统中最简单的实用通信网络，只需要在 PLC 基本单元上加装一块通信扩展板，就可以实现与其他 PLC 进行组网通信的目的。N：N 链接通信网络结构示意图如图 20-6 所示。

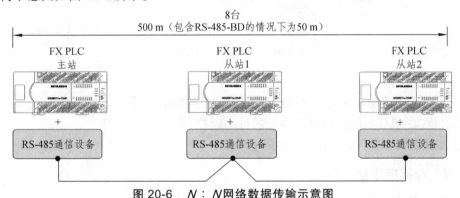

图 20-6　N：N网络数据传输示意图

如图 20-6 所示，通信模块常用 RS-485-BD，N：N 链接通信协议可用于最多 8 台 FX 系列 PLC 之间的通信，数据交换方式是通过 PLC 特殊区域的辅助继电器和数据寄存器之间的数据自动交换来实现的，其中一台 PLC 定义为主机，其余的 PLC 定义为从机。

N：N 网络的通信协议是固定的，通信方式采用半双工通信，波特率固定为 38 400 bps，数据长度、奇偶校验、停止位、标题字符、终结符号等通信参数设置都是固定的。该网络采用广播方式进行通信，网络中每一个站点都配置了一个由特殊辅助继电器和特殊继电器组成的链接存储区，各个站点的链接存储地址编号都是相同的。各站点如果在自己站点链接存储区中规定的数据发送区写入数据，网路上其他任何 PLC 对应的数据区内容也会同时变化，因此，数据可供通过 PLC 链接起来的所有 PLC 共享。对应的共享数据区如图 20-7 所示。

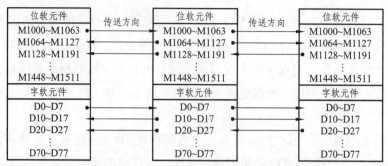

图 20-7 N：N网络数据区对应图

2. N：N网络接线

N：N网络接线原理图如图 20-8 所示。

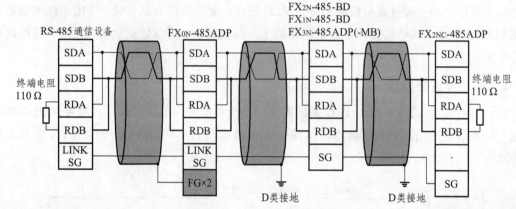

图 20-8 N：N网络接线图

接线时需要注意几点：

第一，FX$_{2N}$-485-BD、FX$_{1N}$-485-BD 上的双绞线的屏蔽层采用 D 类接地。

第二，FG 端子必须链接到 D 类接地的可编程控制主机的接地端子上。

第三，回路的两端需要设置终端电阻。

3. N：N链接通信实例

通过 RS-485-BD 实现 3 台 FX$_{2N}$ 网络的连接，网络接线如图 20-9 所示。

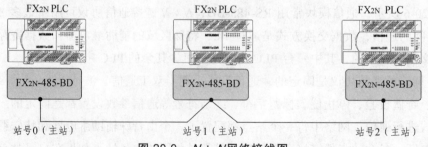

图 20-9 N：N网络接线图

系统中站号为 0 的设置为主站，站号为 1 和 2 的设置为从站。主站与从站的网络进行连接时其数据对应关系如表 20-2 所示。

表 20-2　主站和从站数据对应表

动作编号	数据源		数据变更对象及内容	
	位软元件的链接			
①	主站	输入 X000 ~ X003 （M1000 ~ M1003）	从站 1	到输出 Y010 ~ Y013
			从站 2	到输出 Y010 ~ Y013
②	从站 1	输入 X000 ~ X003 （M1064 ~ M1067）	主站	到输出 Y014 ~ Y017
			从站 2	到输出 Y014 ~ Y017
③	从站 2	输入 X000 ~ X003 （M1128 ~ M1131）	主站	到输出 Y020 ~ Y023
			从站 1	到输出 Y020 ~ Y023
	字软元件的链接			
④	主站	数据寄存器 D1	从站 1	到计数器 C1 的设定值
	从站 1	计数器 C1 的触点（M1070）	主站	到输出 Y005
⑤	主站	数据寄存器 D2	从站 1	到计数器 C2 的设定值
	从站 1	计数器 C2 的触点（M1140）	主站	到输出 Y006
⑥	从站 1	数据寄存器 D10	主站	从站 1（D10）和从站 2（D20） 相加后保存到 D3 中
	从站 2	数据寄存器 D20		
⑦	主站	数据寄存器 D0	从站 1	主站（D0）和从站 2（D20） 相加后保存到 D11 中
	从站 2	数据寄存器 D20		
⑧	主站	数据寄存器 D0	从站 2	主站（D0）和从站 1（D10） 相加后保存到 D21 中
	从站 1	数据寄存器 D10		

从表 20-2 可知，数据连接有位连接寄存器和字连接寄存器，例如要求主站的输入 X000 ~ X003 信号可以控制从站 1 的 Y010 ~ Y013 和从站 2 的 Y010 ~ Y013 状态。下面通过实例讲解 PLC 是如何通过网络系统实现控制的。在通信实现之前，需要对各站点通过程序设置通信参数。主站的参数设置程序如图 20-10 所示。

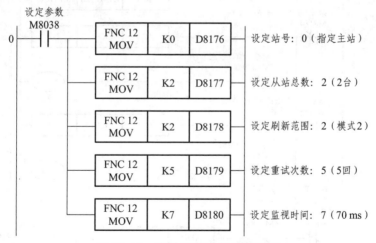

图 20-10　主站通信参数设置程序

通过编程方法设置主站点网络参数，程序开始的第 0 步（LD M8038）向特殊寄存器 D8176 ~ D8180 写入相应的参数，这里设置 D8176 为 0，表示该 PLC 为主站，同时还设置了从站的总数、刷新范围、通信的重试次数、监视时间等通信参数。对于从站，通信参数的设置比较简单，只需要在第 0 步向 D8176 写入站点号即可。从站参数设置程序如图 20-11 所示。

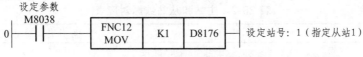

图 20-11　从站通信参数设置程序

特殊寄存器 D8178 用于设置刷新范围。刷新范围指的是各站点的链接存储区。对于从站，不需要设置 D8178。不同刷新模式下各站链接软元件不相同。不同站号对应模式关系如表 20-3 所示。

表 20-3　模式对应关系表

站号	模式 0		模式 1		模式 2	
	位软元件（M）	字软元件（D）	位软元件（M）	字软元件（D）	位软元件（M）	字软元件（D）
	0 点	各站 4 点	各站 32 点	各站 4 点	各站 64 点	各站 8 点
站号 0		D0～D3	M1000～M1031	D0～D3	M1000～M1063	D0～D7
站号 1		D10～D13	M1064～M1095	D10～D13	M1064～M1127	D10～D17
站号 2		D20～D23	M1128～M1159	D20～D23	M1128～M1191	D20～D27

特殊寄存器 D8179 设置为通信过程中的重试次数，设置范围为 0～10（默认为 3）。对于从站，此参数不需要设置。按照以上所述设置好后，各 PLC 通电后就将进入通信状态。

主站动作程序如图 20-12 所示。

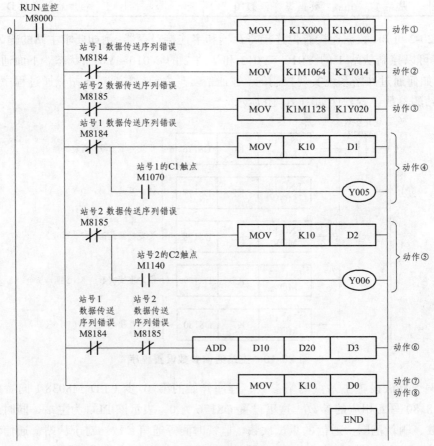

图 20-12　主站动作程序梯形图

184

从站 1 动作程序如图 20-13 所示。

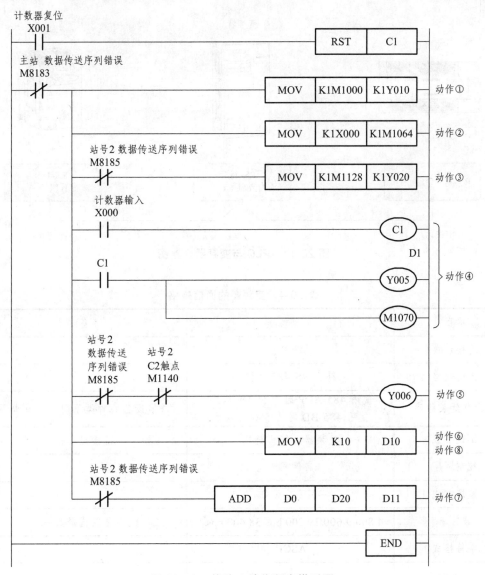

图 20-13　从站 1 动作程序梯形图

从站 2 的参数设置和动作程序与从站 1 类似，这里不再详述。

20.4.3　PLC 与变频器通信

FX 系列可编程控制器与变频器的通信通常是以 RS-485 通信方式进行连接的，FX_{2N} 系列 PLC 可对变频器进行运行监控、各种指令以及参数的读出/写入。PLC 与变频器通信的网络结构示意图如图 20-14 所示。

在图 20-14 中，PLC 为主站，变频器为从站。1 台 PLC 最多可以对 8 台变频器进行监控。变频器的通信规格如表 20-4 所示。

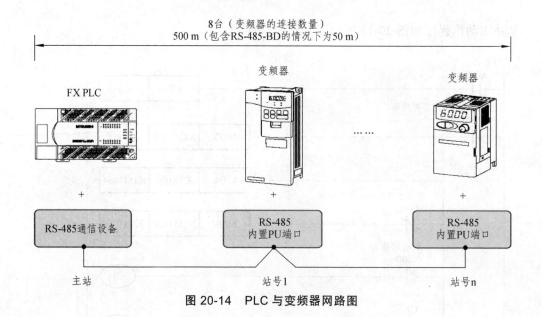

8台（变频器的连接数量）
500 m（包含RS-485-BD的情况下为50 m）

FX PLC

变频器

变频器

......

| RS-485通信设备 | RS-485 内置PU端口 | RS-485 内置PU端口 |

主站   站号1   站号n

图 20-14   PLC 与变频器网路图

表 20-4   变频器的通信规格

项目		规格	备注
连接台数		最多 8 台	
传送规格		符合 RS-485 规格	
最大总延长距离		使用 485-ADP 时为 500 m 以下 使用 485-BD 时为 500 m 以下	通信设备的种类不同，距离也不同
协议形式		变频器计算机链接	链接启动模式
控制顺序		启停同步	
通信方式		半双工双向	
波特率		4 800/9 600/19 200 bps/38 400 bps[*1]	可以选择其一
字符格式		ASCII	
	起始位	一	
	数据位	7 位	
	奇偶校验	偶校验	
	停止位	1 位	

*1. 仅 FX$_{3G}$ 可编程控制器对应。

　　从表 20-4 可以看出，通信方式采用的 RS-485 半双工双向串行通信，通信距离最大为 500 m，传输的波特率最大为 19 200 bps。对于 F700、A700 系列变频器，可以采用变频器内置的 RS-485 通信接口进行通信。通信网络示意图如图 20-15 所示。

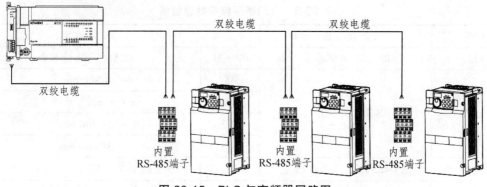

双绞电缆　双绞电缆

双绞电缆

内置
RS-485端子　内置
RS-485端子　内置
RS-485端子

图 20-15　PLC 与变频器网路图

FX$_{2N}$、FX$_{2N}$C PLC 与变频器之间采用特殊功能指令 EXTR（FNC.180）指令进行通信。在 EXTR 指令中，根据数据通信的方向以及参数的写入/读出方向，可将其分为 EXTR K10 ~ EXTR K13 共 4 种描述方法。下面以 PLC 与 F700、A700 系列变频器通信为例进行程序讲解。EXTR（FNC.180）指令图如图 20-16 所示。

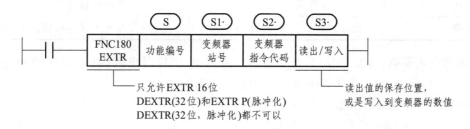

图 20-16　FNC180 指令图

对于 EXTR（FNC.180）指令，K10 ~ K13 对应的功能如表 20-5 所示。

表 20-5　FNC180 指令表

指令	功能编号(S)	功能	控制方向
EXTR（FNC180）	K10	变频器的运行监视	可编程控制器←INV
	K11	变频器的运行控制	可编程控制器→INV
	K12	读出变频器的参数	可编程控制器←INV
	K13	写入变频器的参数	可编程控制器→INV

图 20-16 中驱动条件处于 OFF 变为 ON 的上升沿时，变频器开始与 PLC 进行通信。PLC 与变频器的通信过程中，即使驱动条件由 ON 变为 OFF 也会将通信指令执行完毕。当驱动条件一直为 ON 时，反复执行通信程序。PLC 与变频器详细通信实例和程序可以参考三菱公司 FX 通信手册相关章节。

变频器的通信参数在 Pr79、Pr331 ~ Pr342、Pr549 这几个参数中就可设置。通信参数设置如表 20-6 所示。

表 20-6　变频器通信参数设置表

参数编号	参数项目	设定值	设定内容
Pr331	RS-485 通信站号	00 ~ 31	最多可以连接 8 台
Pr332	RS-485 通信速度	48	4 800 bps
		96	9 600 bps（标准）
		192	19 200 bps
		384	38 400 bps
Pr333	RS-485 通信停止位长度	10	数据长度：7 位/停止位：1 位
Pr334	选择 RS-485 通信奇偶性校验	2	2：偶校验
Pr337	RS-485 通信等待时间的设定	9 999	在通信数据中设定
Pr341	选择 RS-485 通信的 CR/LF	1	CR：有，LF：无
Pr79	运行模式	0	上电时外部运行模式
Pr340	选择通信启动模式	1	计算机链按
Pr336	RS-485 通信检查时间间隔	9 999	通信检查中止
Pr549	选择协议	0	三菱变频器（计算机链接）协议

变频器应用举例：FX 连接 1 台变频器，通过 PLC 控制变频器的停止（X000）、正转（X001）、反转（X002），通过 D10 变更变频器的速度。

变频的运行控制梯形图如图 20-17 所示。

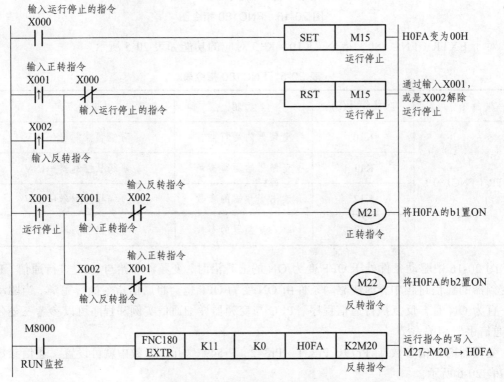

图 20-17　变频器器运行梯形图

变频器的运行参数设置梯形图如图 20-18 所示。

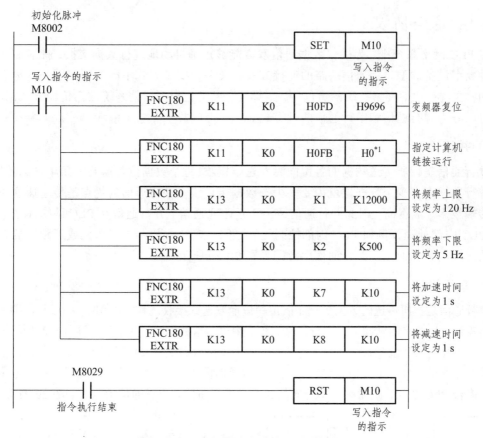

图 20-18 变频器运行参数设置梯形图

通过程序更改变频器速度的梯形图如图 20-19 所示。

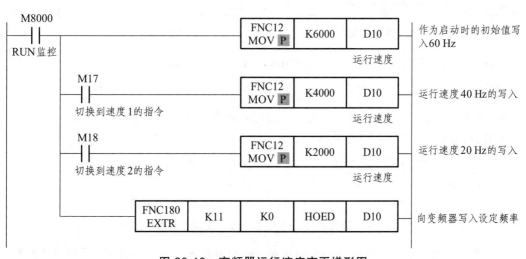

图 20-19 变频器运行速度变更梯形图

20.5　知识拓展

20.5.1　通信协议

在 PLC 网络系统中，为确保数据通信双方能够正确自动地进行数据交换，针对通信过程中各种数字设备的型号，通信线路的连接方式、类型、同步方式不同等制定了一套标准的通信规则，这就是通信网络系统的通信协议，即通信规程。根据通信系统数据传输方式的不同，通信可以分为并行通信和串行通信两种方式。

1．并行通信

并行通信是指所传送数据的各位同时发送或接收，每个数据位都需要一条单独的传输线，一个并行数据有多少个数据位就需要多少条数据传输线。并行通信的优点是传送速度快，缺点是传输线多、成本高，因此并行通信适用于近距离通信。并行通信在 PLC 网络体系中一般用于 PLC 内部处理，例如 PLC 内部控制元件之间、PLC 主机与扩展单元或近距离的智能特殊模块之间的数据通信。并行通信示意图如图 20-20 所示。

2．串行通信

串行通信是指所传送的数据按顺序一位一位地发送或接收。串行通信时，一般只需要一条或两条传输线，一般采用脉冲信号进行传输。在长距离传送数据时，数据的不同位分时使用同一条传输线，从数据的低位开始按顺序进行传送，有多少位数据就需要传送多少次。串行通信的特点是通信线路简单、成本低，但是传送速度比并行通信慢。在 PLC 与计算机之间、PLC 与变频器之间、多台 PLC 之间，通常采用串行通信的方式进行通信。串行通信示意图如图 20-21 所示。

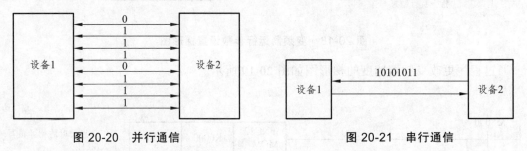

图 20-20　并行通信　　　　　　　　图 20-21　串行通信

串行通信按信息在设备间的传送方向分单工通信和双工通信两种方式。

1）单工通信与双工通信

单工通信方式下，只能沿单一方向发送或接收数据。如图 20-22（a）所示，A 只能发信号，而 B 只能接收信号，通信是单向的。

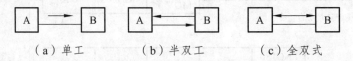

（a）单工　　　　　（b）半双工　　　　　（c）全双式

图 20-22　单工通信、半双工通信、全双工通信示意图

双工通信方式下，信息可沿两个方向传送，每个方向既可以发送数据，也可以接收数据。

双工通信方式又分为全双工通信和半双工通信两种。

如果通信双方在同一时刻只能发送数据或接收数据，这种方式称为半双工通信。早期的对讲机就是半双工通信的典型应用。如图 20-22（b）所示，A 能发信号给 B，B 也能发信号给 A，但这两个过程不能同时进行，发送方说完一句话后都要说个"OVER"，然后切换到接收状态，同时也告之对方可以发言了。如果双方同时都处于收状态，或同时处于发送状态，就会出现通信阻塞的情况，便不能进行正常通信了。

如果数据的发送和接收分别由两根或两组不同的数据线传输，通信双方在同一时刻既可以接收数据，也可以发送数据，这种串行通信方式方式称为全双工通信。全双工通信的典型应用就是打电话，在 A 给 B 发信号的同时，B 也可以给 A 发信号。

在 PLC 通信中，半双工通信和全双工通信都是比较常见的。

2）异步通信与同步通信

在串行通信中，通信的速率与时钟脉冲有关，接收方和发送方的传送速率应相同，但在实际应用中，发送速率与接收速率之间总有一些微小的差异，如果不采取措施，连续传送大量的数据信息时，将会形成累积误差，造成错位，使接收方接收到错误的数据信息。所以在串行通信中，一个很重要的问题就是使发送端和接收端保持同步，通常采用两种同步技术：同步传送和异步传送。

异步传送是以字符为单位进行数据的发送，将被传送的字符数据编码成一串脉冲，每个字符都由起始位和停止位作为字符的开始标志和结束标志。进行异步串行传送数据时，要保证发送设备和接收设备有相同的数据传送格式及相同的传送速率。数据传送时经常用到的指标是波特率，如果每秒传送 120 个字符，每个字符为 10 位，则传送的波特率为：120 字符/秒 × 10 位/字符 = 1 200 bps。异步串行通信的数据传送格式如图 20-23 所示。

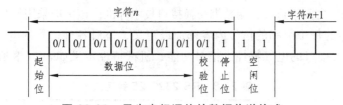

图 20-23　异步串行通信的数据传送格式

异步通信中发送的数据字符由 1 个起始位（通常为 0）、7 ~ 8 位数据位、1 个奇偶校验位和 1 ~ 2 个停止位组成。在停止位后可以加空闲位。空闲位为 1，位数不限。空闲位的作用是等待下一个字符的传送。有了空闲位，发送和接收可以连续或间断地进行，而不受时间限制。异步通信传送的附加的非有效的信息较多，传输效率较低，一般用在低速度通信中。

同步传送是以数据块（一组数据）为单位进行数据传送。在数据开始位置用同步字符来指示，每次传送 1 ~ 2 个同步字符，由定时信号（时钟）来实现发送端同步，一旦检测到规定的同步字符，就按顺序连续传送数据。由于不需要起始位和停止位，克服了异步传送效率低的缺点，但是对所需要的硬件要求较高，一般用于高速通信。

20.5.2　通信介质

在 PLC 网络中，传送数据的介质主要有双绞线、同轴电缆和光纤。如果传送距离较远，还可以利用电话线。其他介质如电磁波、红外线、微波等应用较少。常见数据传送介质性能比较如表 20-7 所示。

表 20-7　传送介质性能比较

性　能	传送介质		
	双绞线	同轴电缆	光纤
传送速率	9.6 kbps ~ 2 Mbps	1 ~ 450 Mbps	10 ~ 500 Mbps
连接方法	点到点，多点 1.5 km 不用中继	点到点，多点 10 km 不用中继（宽带） 1 ~ 3 km 不用中继（基带）	点到点 50 km 不用中继
传送信号	数字、调制信号、纯模拟信号（基带）	调制信号、数字（基带）、声音、图像（宽带）	调制信号（基带）、数字、声音、图像（宽带）
支持网络	星型、环型、小型交换机	总线型、环型	总线型、环型
抗干扰	较强（需外加屏蔽）	强	极强
抗恶劣环境	好	好，但必须将电缆与腐蚀物隔开	极好，耐高温和其他恶劣环境

20.5.3　通信接口标准

1. RS-232C

工业网络中常用标准的 RS-232C、RS-485 及 RS-422 串行通信接口进行数据通信。RS-232C 接口是 1970 年由美国电子工业协会（EIA）联合贝尔实验室、调制解调器厂家、计算机终端生产厂家共同制定的用于串行通信的标准。它的全名是数据终端设备（DTE）和数据通信设备（DCE）之间串行二进制数据交换接口技术标准，该标准采用的是 25 个脚的 DB25 连接器，对连接器的每个引脚的信号内容都加以定义，还对各种信号的电平加以规定。标准 25 针 RS-232C 串行接口的电气特性、信号功能、机械特性定义如表 20-8 所示。

表 20-8　RS-232C-25 针定义

引　脚	信　号	说　明
1	保护地	（可以不用）
2	TXD	发送数据
3	RXD	接收数据
4	RTS	请求发送
5	CTS	允许发送
6	DSR	数据装置准备好
7	信号地	信号地
8	DCD	载波检测
20	DTR	数据终端准备好
22	振铃指示	响铃信号

随着计算机及智能设备的不断改进，DB25 由于引脚多、连线复杂而应用逐渐减少，出现了替代 DB25 的 DB9 接口，现在通常把 RS-232C 接口叫作 DB9。RS-232C 是现在主流的串行通信接口之一。它既是一种协议标准，也是一种电气标准，它规定了终端和通信设备进行信息交换的方式和功能。DB9 公头外形如图 20-24 所示。

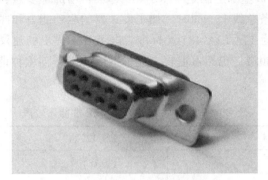

图 20-24　DB9 公头外形图

标准的 9 针 RS-232C 串行接口的机械特性、电气特性、信号功能定义如表 20-9 所示。

表 20-9　RS23C-9 针定义

引　脚	缩　写	名　称	方　向
1	FG	接地	
2	SD（TXD）	发送数据	输出
3	RD（RXD）	接收数据	输入
4	RS（RTS）	请求发送	输出
5	CS（CTS）	清除发送	输入
6		不用	
7		不用	
8		不用	
9	SG	信号地	
连接器配合	FG	接地	

RS-232C 优点很多，应用广泛，但是由于 RS-232C 接口标准出现较早，难免有不足之处，主要体现在以下四点：

（1）接口的信号电平值较高，容易损坏接口电路的芯片。又因为与 TTL 电平不兼容，所以需要使用电平转换电路方能与 TTL 电路连接。

（2）传输速率较低，在异步传输时，最大波特率为 20 kbps。

（3）RS-232C 接口采用按位串行的方式单端发送、单端接收数据，即接口使用一根信号线和一根信号返回线而构成共地的传输形式，这种共地传输容易产生共模干扰，所以抗噪声干扰性弱。

（4）传输距离有限，最大传输距离为 15 m。

2. RS–422 A 和 RS–485

RS-422 A 接口标准的全称是"平衡电压数字接口电路的电气特性",是一种单机发送、多机接收的单向、平衡传输规范,被命名为 TIA/EIA-422-A 标准。为扩展应用范围,EIA 又于 1983 年在 RS-422 接口基础上制定了 RS-485 标准,增加了多点、双向通信能力,即允许多个发送器连接到同一条总线上,同时增加了发送器的驱动能力和冲突保护特性,扩展了总线共模范围,后被命名为 TIA/EIA-485-A 标准。由于 EIA 提出的建议标准都是以"RS"作为前缀,所以在通信工业领域,仍然习惯将上述标准以 RS 作前缀称谓。RS-422 A 与 RS-485 的特性如表 20-10 所示。

表 20-10　RS-485 和 RS-422 性能比较表

接口项目		RS-422 A	RS-485
动作方式		差动方式	差动方式
可连接的台数		1 台驱动器/10 台接收器	32、64、128、256 台驱动器/接收器
最大距离		1 200 m	1 200 m
传送速率的最大值	12 m	10 Mbps	10 Mbps
	120 m	1 Mbps	1 Mbps
	1 200 m	100 kbps	100 kbps
同相电压的最大值		+ 6 V/ − 0.25 V	+ 12 V/ − 7 V
驱动器的输出电压	无负载时	± 5 V	± 5 V
	有负载时	± 2 V	± 1.5 V
驱动器的负载阻抗		100 Ω	54 Ω
驱动器的输出阻抗(高阻抗状态)	POWER ON	没有规定	± 100 μA − 7 V ≤ V_{com} ≤ 12 V
	POWER OFF	± 100 μA 最大 − 0.25 V ≤ V_{com} ≤ 6 V	± 100 μA 最大 − 7 V ≤ V_{com} ≤ 12 V
接收器输入电压范围		− 7 ~ + 7 V	− 7 ~ + 12 V
接收器输入灵敏度		± 200 mV	± 200 mV
接收器输入阻抗		>4 kΩ	>12 kΩ

RS-422 A 接口标准中定义了接口电路的特性,有 4 根信号线和 1 根信号地线,共 5 根线。由于接收器采用高输入阻抗,所以发送驱动器的驱动能力比 RS-232 更强,故允许在相同传输线上连接多个接收节点,最多可连接 10 个节点。一个为主设备(Master),其余为从设备(Salve),支持点对多的双向通信。RS-422 的最大传输距离为 4 000 英尺(约 1 219 m),最大传输速率为 10 Mb/s,其双绞线的长度与传输速率成反比,在 100 kb/s 速率以下,才可能达到最大传输距离。只有在很短的距离下才能获得最高传输速率。一般 100 m 长的双绞线上所能获得的最大传输速率仅为 1 Mb/s。RS-422 通信接口需要一对终端电阻,其阻值约等于传输电缆的特性阻抗,终端电阻接在传输电缆的最远端,在近距离(300 m 内)传输时可不接终端电阻。RS-422 接口采用两对平衡差分信号线,以全双工方式传送数据,抗干扰能力较强,适合远距离传送数据。

RS-485 接口是 RS-422 的变形，与 RS-422 相比，只有一对平衡差分信号线，以半双工方式传送数据。RS-485 有两线制和四线制两种接线，四线制只能实现点对点的通信方式，现在很少采用，比较常用的接线方式是两线制接线，这种接线方式为总线式拓扑结构，在同一总线上最多可以挂接 32 个节点。在 RS-485 通信网络中一般采用的是主从通信方式，即一个主机带多个从机。连接 RS-485 通信链路时需要注意双绞线和信号地的连接，信号屏蔽不好容易产生共模干扰和 EMI 问题。在远距离通信中，RS-485 可以最少的信号线完成通信任务，因此在 PLC 控制网络中得到广泛应用。

20.5.4 三菱 PLC 网络结构

FX 系列 PLC 是小型 PLC，Q 系列 PLC 是模块化的中大型 PLC。按照不同的性能，Q 系列 PLC 的 CPU 可以分为基本型、高性能型、过程控制型、运动控制型、计算机型、冗余型等产品。三菱公司的 PLC 网络继承了传统使用的 MELSEC 网络，并使其在性能、功能、使用简便性等方面更胜一筹。Q 系列 PLC 提供层次清晰的三层网络，针对各种用途提供最合适的网络产品。

1. 信息层

信息层为网络系统中的最高层，主要用在 PLC、设备控制器以及生产管理用 PC 之间传输生产管理信息、质量管理信息及设备的运转情况等数据，如图 20-25 所示。信息层使用最普遍的 Ethernet（以太网）网路结构。它不仅能够连接 Windows 系统的 PC、Unix 系统的工作站等，还能连接各种 FA 设备。Q 系列 PLC 系列的 Ethernet 模块具有了日益普及的因特网电子邮件收发功能，使用户无论在世界的任何地方都可以方便地收发生产信息邮件，构筑远程监视管理系统。同时，利用因特网的 FTP 服务器功能及 MELSEC 专用协议可以很容易的实现程序的上传/下载和信息的传输。

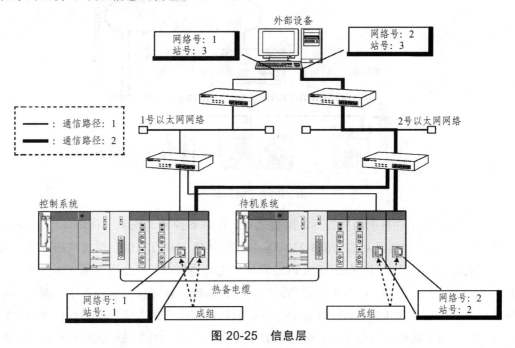

图 20-25 信息层

2. 控制层

控制层是整个网络系统的中间层，是 PLC、CNC 等控制设备之间方便且高速地进行处理数据互传的控制网络。作为 MELSEC 控制网络的 MELSECNET/10，它以良好的实时性、简单的网络设定、无程序的网络数据共享概念，以及冗余回路等特点获得了很高的市场评价，被采用的设备台数在日本达到最高，在世界上也是屈指可数的。而 MELSECNET/H 不仅继承了 MELSECNET/10 优秀的特点，还使网络的实时性更好，数据容量更大，进一步适应市场的需要。

3. 设备层

设备层是把 PLC 等控制设备和传感器以及驱动设备连接起来的现场总线网络，是整个网络系统最底层的网络，如图 20-26 所示。它采用 CC-Link 现场总线连接，布线数量大大减少，提高了系统可维护性。现场总线 CC-Link 不仅可以连接 ON/OFF 等开关量的数据，还可以连接 ID 系统、条形码阅读器、变频器、人机界面等智能化设备。从完成各种数据的通信，到终端生产信息的管理均可实现，加上对机器动作状态的集中管理，使维修保养的工作效率也大有提高。

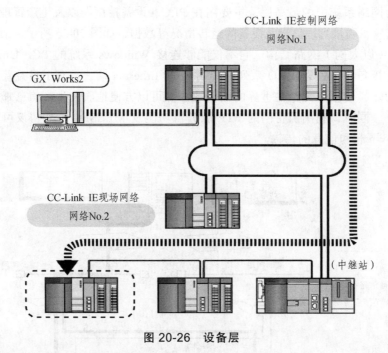

图 20-26 设备层

Q 系列 PLC 除了拥有上面所提到的网络之外，还可支持 Profibus、Modbus、Devicenet、ASi 等其他厂商的网络，还可进行 RS-232/RS-422/RS-485 等串行通信，通过数据专线、电话线进行数据传送等多种通信。在三菱的 PLC 网络中进行通信时，不会感觉到有网络种类的差别和间断，可进行跨网络间的数据通信和程序的远程监控、修改、调试等工作，而无须考虑网络的层次和类型。MELSECNET/H 和 CC-Link 使用循环通信的方式，周期性自动地收发信息，不需要专门的数据通信程序，只需简单的参数设定即可。MELSECNET/H 和 CC-Link 是使用广播方式进行循环通信发送和接收数据的，这样就可做到网络上的数据共享。对于 Q 系列 PLC 使用的 Ethernet、MELSECNET/H、CC-Link 网络，可以在 GX Developer 和 GX Works 软件画面上设定网络参数以及各种功能。

思考与练习

1. 简述 RS-485-BD 的特点和使用方法。
2. 简述 RS-232-BD 的特点和使用方法。
3. 什么是串行通信？什么是并行通信？它们具有什么特点？
4. 如何实现三菱 PLC $N:N$ 链接通信？
5. 如何实现 5 台 PLC 之间网络通信？画出原理图和编制程序。

任务 21　三菱变频器的使用

21.1　教学指南

21.1.1　知识目标

（1）掌握变频器的工作原理、基本结构和基本功能参数的意义。
（2）掌握变频器运行模式参数设置和硬件连接。
（3）掌握变频器多段速度控制系统的参数设置和硬件连接。

21.1.2　能力目标

（1）掌握变频器外部控制端子的功能和变频器不同运行模式的操作方法。
（2）掌握变频器在自动控制系统中的基本应用方法，能够独立实现应用。

21.1.3　任务要求

通过三菱变频器相关知识的学习，掌握变频器的基本功能和应用。

21.1.4　相关知识点

（1）变频器调速的基本原理。
（2）变频器的基本结构。
（3）变频器的操作面板及使用方法。
（4）变频器的硬件接线和参数设置。
（5）多段速度控制原理和实现方法。

21.1.5　教学实施方法

（1）项目教学法。
（2）行动导向法。

21.2　任务引入

三相鼠笼异步电动机具有结构简单、价格低廉、控制方便等特点，在工业生产现场得到了广泛应用。电动机在机械结构的运动控制中，会根据生产工艺技术要求，改变电动机的转动速度。早期对异步电机进行速度控制常采用调压调速、异步电机转子串电阻调速、变级调速、串级调速、滑差调速等控制方式，这些控制方式在改变速度的同时存在明显的缺陷，如何对电动机进行精确调速控制是电气自动化控制领域的一个重要课题。随着交流电动机调速控制理论、电力电子技术、计算机技术、通信技术的发展，以微处理器为核心的数字变频控制技术逐步取代了以往的调速模式，并在工业自动化控制领域和民用家电消费领域得到了广泛应用。

21.3　相关知识点

21.3.1　变频器的基本概念

变频器是通过改变三相交流电动机工作电源的频率和幅度来控制交流电动机速度的电力电子装置。作为电动机的调速装置，它将工频电源变为可变压、可变频的电源，供给电动机的定子绕组。变频器的英文译名是 VFD（Variable-frequency Drive），变频器在中、日、韩等亚洲地区也被称作 VVVF（Variable Voltage Variable Frequency Inverter）。

变频器的发展趋势体现在容量不断扩大、结构小型化、功能多样化、高性能化、应用领域不断扩大等几个方面。变频器在研发、生产制造中的关键技术方面具有以下几个特点：

（1）控制技术：从简易的 V/F 控制（磁通轨迹控制）到矢量控制（磁场定向控制），发展到 DTC 控制。

（2）PWM 调制技术：可以减小谐波畸变率，降低转矩脉动，提高效率，从 SPWM 发展至优化 PWM。

（3）功率器件的制造技术：由 SCR、GTO 发展为自关断能力 GTR、IGBT、IGCT、IPM 等器件，使其开关速度更快、驱动电路更简单、抗干扰能力更强、保护功能更完善。

（4）以微处理器和大功率集成电路为代表的数字控制技术得到了广泛应用。

21.3.2　变频器工作原理

三相异步电动机转速表达式为

$$n = n_0(1 - s) = 60f(1 - s)/p$$

从该式可以看出，改变异步鼠笼电动机的供电电源频率 f，就可以改变电动机的同步转速 n_0。在三相交流电机实际调速过程中，如果只改变频率 f 并不能够进行正常的速度控制，因为在其他条件不改变的情况下,特别是在电压幅值不变而只改变电机的定子频率的情况下，在低转动速度时会引起电机转子过电流而烧毁电机。而真正希望达到的控制目的是电动机带负载能力不变的情况下改变电动机的转动速度，而电动机的负载能力大小与电机的主磁通有关，即希望电机的主磁通保持恒定。电机的磁通又是由频率和电动势共同决定的，要保持磁通不变，就需要保持电动势与频率之比为常数，所以，变频器在改变频率的同时，也需要调整电压，即 V/F 保持为一个常数才能够满足电动机的调速控制要求。

21.3.3　变频器的作用

变频器在自动化控制系统中有三个基本功能：调速、启动和节能。

1. 调　速

变频器可以根据生产工艺需要把固定频率（例如 50 Hz）的交流电变换成频率（例如 10 Hz）和电压连续可调的交流电，满足生产过程中对电机不同速度的要求。

2. 启　动

电动机传统启动方式是降压启动，该方式成本高、电路复杂、启动转矩低。使用变频器后通过设置启动频率、加减速时间、启动转矩可以做到低速、高转矩、连续、平稳启动。

3. 节　能

对于风机和水泵类负载，当负载比较重时，可以提高电动机的转速；当负载较轻时，可以降低电动机的转速。根据负载大小的加速和减速，不但可以减少直接工频控制的启动和停机次数，减少机械冲击和损耗，而且节能效果非常明显。风机的风量与风机的转速成正比，风机的风压与风机的转速的平方成正比，风机的轴功率等于风量与风压的乘积，故风机的轴功率与风机的转速的二次方成正比，即风机的轴功率与供电频率的二次方成正比，降低频率的同时电机消耗的能量就按频率的二次方减少，节能效果非常明显。

变频器除了具有上述基本功能和作用外，还具有直流制动、反馈制动、准确停车和定位、多段速度控制、网络通信等功能。

21.3.4　变频器的分类

变频器一般可以按输入电源的电压等级、变换频率的方法、变频过程中的直流电源的性质进行分类，下面做简单介绍。

1. 按输入电压分类

变频器按输入电压分为低压变频器和高压变频器。低压变频器在国内常见的有单相 220 V 变频器、三相 220 V 变频器、三相 380 V 变频器。高压变频器常见的有 6 kV、10 kV 变频器，控制方式一般是按高-低-高变频器或高-高变频器方式进行变换的。

2. 按变换频率的方法分类

变频器按频率变换的方法分为交-直-交变频器和交-交变频器。交-交型变频器可将工频交流电直接转换成频率、电压均可以控制的交流，故称直接式变频器。交-直-交型变频器则是先把工频交流电通过整流装置转变成直流电，然后再把直流电变换成频率、电压均可以调节的交流电，故又称为间接型变频器。

3. 按直流电源的性质分类

在交-直-交型变频器中，按主电路电源变换成直流电源的过程中直流电源的性质，可分为电压型变频器和电流型变频器。

21.3.5 变频器的主电路

三菱变频器采用的是交-直-交型控制模式。主电路包含整流器、中间直流环节、逆变器、控制电路几大部分。三菱 E700 系列变频器的主电路如图 21-1 所示。

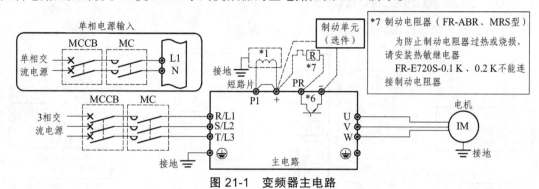

图 21-1 变频器主电路

图 21-1 所示 E700 系列变频器的主电路电源接线端子为 R、S、T，电源出线端子为 U、V、W。根据用户需要，在小功率范围内还可以选择单相电源输入的变频器，提供给无三相电源情况下的用户使用；还可以根据用户要求选择是否带直流电抗器和制动电阻器。变频器 FR-E740-0.4K ~ 7.5K 的主回路接线端子示意图如图 21-2 所示。

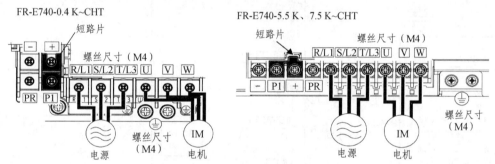

图 21-2 变频器主电路接线端子

从图 21-2 我们看出，功率不同，电源和输出回路的端子布置不同，主要是由于变频器功率和体积不同引起的。端子的定义如表 21-1 所示。

表 21-1 变频器主电路接线端子说明

端子记号	端子名称	端子功能说明
R/L1、S/L2、T/L3	交流电源输入	连接工频电源； 当使用高功率因数变流器（FR-HC）及共直流母线变流器（FR-CV）时不要连接任何东西
U、V、W	变频器输出	连接三相鼠笼电机
+、PR	制动电阻器连接	在端子 + 和 PR 间连接选购的制动电阻器（FR-ABR、MRS 型）（0.1 K、0.2 K 不能连接）
+、−	制动单元连接	连接制动单元（FR-BU2）、共直流母线变流器（FR-CV）以及高功率因数变流器（FR-HC）
+、P1	直流电抗器连接	拆下端子 + 和 P1 间的短路片，连接直流电抗器
⏚	接地	变频器机架接地用。必须接大地

在接线端子表 21-1 中，特别要注意一下的是 + 和 P1 的连接，如果没有连接直流电抗器，一定要注意短接，否则容易造成变频器的损坏。

21.3.6 变频器的控制电路

三菱 E700 系列变频器的控制电路如图 21-3 所示。

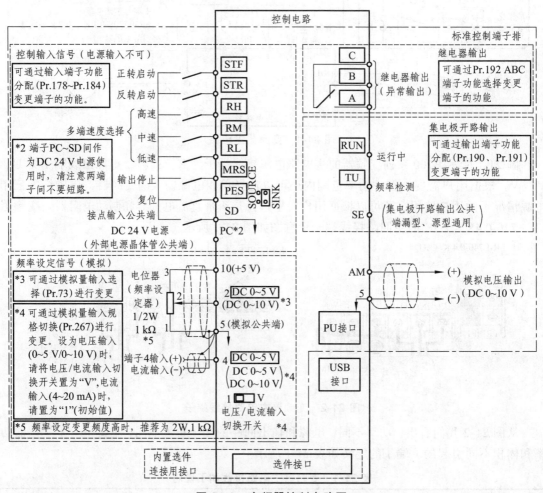

图 21-3 变频器控制电路图

从图 21-3 我们可以看出，变频器控制电路主要由输入信号、频率设定信号、标准输出端子排和接口电路等几部分组成。输入控制信号的具体功能说明如表 21-2 所示。

表 21-2 变频器控制电路输入接线端子说明

种类	端子记号	端子名称	端子功能说明		额定规格
接点输入	STF	正转启动	STF 信号为 ON 时正转，为 OFF 时停止	STF、STR 信号同时为 ON 时变成停止指令	输入电阻为 4.7 kΩ，开路时电压为 DC 21~26 V，短路时为 DC 4~6 mA
接点输入	STR	反转启动	STR 信号为 ON 时反转，为 OFF 时停止		

种类	端子记号	端子名称	端子功能说明	额定规格
接点输入	RH、RM、RL	多段速度选择	用 RH、RM 和 RL 信号的组合可以选择多段速度	输入电阻为 4.7 kΩ,开路时电压为 DC 21~26 V,短路时为 DC 4~6 mA
	MRS	输出停止	MRS 信号为 ON（20 ms 以上）时，变频器输出停止；用电磁制动停止电机时用于断开变频器的输出	
	RES	复位	复位用于解除保护回路动作时的报警输出。使 RES 信号处于 ON 状态 0.1 s 或以上，然后断开。初始设定为始终可进行复位。但进行了 Pr.75 的设定后，仅在变频器报警发生时可进行复位。复位所需时间约为 1 s	
	SD	接点输入公共端（漏型）（初始设定）	接点输入端子（漏型逻辑）	—
		外部晶体管公共端（漏型）	源型逻辑时当连接晶体管输出(即集电极开路输出)，例如可编程控制器（PLC）时，将晶体管输出用的外部电源公共端接到该端子时，可以防止因漏电引起的误动作	
		DC 24 V 电源公共端	DC 24 V, 0.1 A 电源(端子 PC)的公共输出端子。与端子 5 及端子 SE 绝缘	
	PC	外部晶体管公共端（漏型）（初始设定）	漏型逻辑时当连接晶体管输出(即集电极开路输出)，例如可编程控制器（PLC）时，将晶体管输出用的外部电源公共端接到该端子时，可以防止因漏电引起的误动作	电源电压的范围为 DC 22~26.5 V,容许负载电流为 100 mA
		按点输入公共端（源型）	接点输入端子（源型逻辑）的公共端子	
		DC 24 V 电源	可作为 DC 24 V、0.1 A 的电源使用	
频率设定	10	频率设定用电源	作为外接频率设定（速度设定）用电位器时的电源使用	DC 5 V,容许负载电流为 10 mA
	2	频率设定（电压）	如果输入 DC 0~5 V（或 0~10 V），在 5 V（10 V）时为最大输出频率，输入输出成正比。通过 Pr.73 进行 DC 0~5 V(初始设定)和 DC 0~10 V 输入的切换操作	输入电阻为（10±1）kΩ,最大容许电压为 DC 20 V
	4	频率设定（电流）	如果输入 DC 4~20 mA（或 0~5 V, 0~10 V），在 20 mA 时为最大输出频率，输入输出成比例。只有 AU 信号为 ON 时端子 4 的输入信号才会有效（端子 2 的输入将无效）。通过 Pr.267 进行 4~20 mA(初始设定)和 DC 0~5 V、DC 0~10 V 输入的切换操作。电压输入（0~5 V/0~10 V）时，请将电压/电流输入切换开关切换至"V"	电流输入的情况下：输入电阻为（233±5）Ω，最大容许电流为 30 mA 电压输入的情况下：输入电阻为（10±1）kΩ，最大容许电压为 DC 20 V 电流输入（初始状态） 电压输入
	5	频率设定公共端	是频率设定信号（端子 2 或 4）及端子 AM 的公共端子。请不要接大地	—

在表 21-2 中，常用的端子有正转启动 STF、反转启动 STR、输出停止 MRS、复位 RES、公共端 SD、段段速度控制端、模拟量输入端等。变频器的输出信号端子如表 21-3 所示。

表 21-3　变频器控制电路输出接线端子说明

种类	端子记号	端子名称	端子功能说明		额定规格
继电器	A、B、C	继电器输出（异常输出）	指示变频器因保护功能动作时输出停止的 1c 接点输出。异常时 B—C 间不导通（A—C 间导通），正常时 B—C 间导通（A—C 间不导通）		接点容量： AC 230 V/0.3 A （功率因数 = 0.4） DC 30 V/0.3 A
集电极开路	RUN	变频器正在运行	变频器输出频率为启动频率（初始值 0.5 Hz）或以上时为低电平，正在停止或正在直流制动时为高电平		容许负载： DC 24 V（最大 DC 27 V），0.1 A（ON 时最大电压降为 3.4 V） * 低电平表示集电极开路输出用的晶体管处于 ON（导通状态）； 高电平表示处于 OFF（不导通状态）
	FU	频率检测	输出频率为任意设定的检测频率以上时为低电平，未达到时为高电平*		
	SE	集电极开路输出公共端	端子 RUN、FU 的公共端子		—
模拟	AM	模拟电压输出	可以从多种监视项目中选一种作为输出。变频器复位中不被输出；输出信号与监视项目的大小成比例	输出项目：输出频率（初始庙宇）	输出信号：DC 0～10 V 允许负载电流：1 mA （负载阻抗为 10 kΩ 以上） 分辨率 8 位

在表 21-3 中，常用的输出端子有 A/B/C、RUN、FU、SE、AM 等。除了具有基本的输入和输出功能外，变频器还具有通信功能。通信端子的定义如表 21-4 所示。

表 21-4　变频器通信接线端子说明

种类	端子记号	端子名称	端子功能说明
RS-485	—	PU 接口	通过 PU 接口，可进行 RS-485 通信。 ● 标准规格：EIA-485（RS-485）； ● 传输方式：多站点通信； ● 通信速率：4 800～38 400 bps； ● 总长距离：500 m
USB	—	USB 接口	与个人计算机通过 USB 连接后，可以实现 FR Configurator 的操作。 ● 接口：USB1.1 标准； ● 传输速度：12 Mbps ● 连接器：USB 迷你-B 连接器（插座 迷你-B 型）

PU 端子主要是通过 PU 操作面板进行变频器的参数设置，USB 接口主要是与个人计算机相连接。

21.3.7　变频器参数设置

变频器的功能参数很多，多达数百个。在变频器的基本控制中，大部分功能参数采用默认值即可。在实际使用中，特别是一些不常用的功能的应用中，一定要在统览变频器参数的情况下，根据控制系统需求进行有针对性的设置。变频器的基本功能参数如表 21-5 所示。

表 21-5　变频器功能参数说明

功能	参数	名　称	设定范围	最小设定单位	初始值
基本功能	◎ 0	转矩提升	0 ~ 30%	0.1%	6/4/3/2%
	◎ 1	上限频率	0 ~ 120 Hz	0.01 Hz	120 Hz
	◎ 2	下限频率	0 ~ 120 Hz	0.01 Hz	0 Hz
	◎ 3	基准频率	0 ~ 400 Hz	0.01 Hz	50 Hz
	◎ 4	多段速设定（高速）	0 ~ 400 Hz	0.01 Hz	50 Hz
	◎ 5	多段速设定（中速）	0 ~ 400 Hz	0.01 Hz	30 Hz
	◎ 6	多段速设定（低速）	0 ~ 400 Hz	0.01 Hz	10 Hz
	◎ 7	加速时间	0 ~ 3 600/360 s	0.1/0.01 s	5/10/15 s
	◎ 8	减速时间	0 ~ 3 600/360 s	0.1/0.01 s	5/10/15 s
	◎ 9	电子过电流保护	0 ~ 500 A	0.01 A	变频器额定电流

变频器的基本功能参数有 10 个，在其他参数保持默认值的情况下，对这 10 个基本功能参数和运行模式选择参数 Pr79 进行设置，就可以对电动机进行简单的变频调速操作了。

21.3.8　操作面板

操作面板的功能键定义使用如图 21-4 所示。

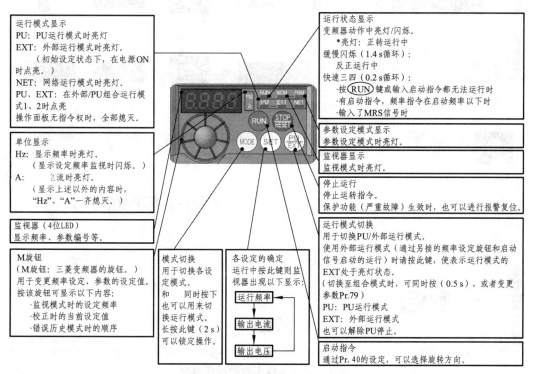

图 21-4　变频器操作面板定义

变频器操作面板主要由运行模式和状态显示、单位显示、参数设置的 LED 显示、功能按键几部分组成。面板的基本操作流程如图 21-5 所示。

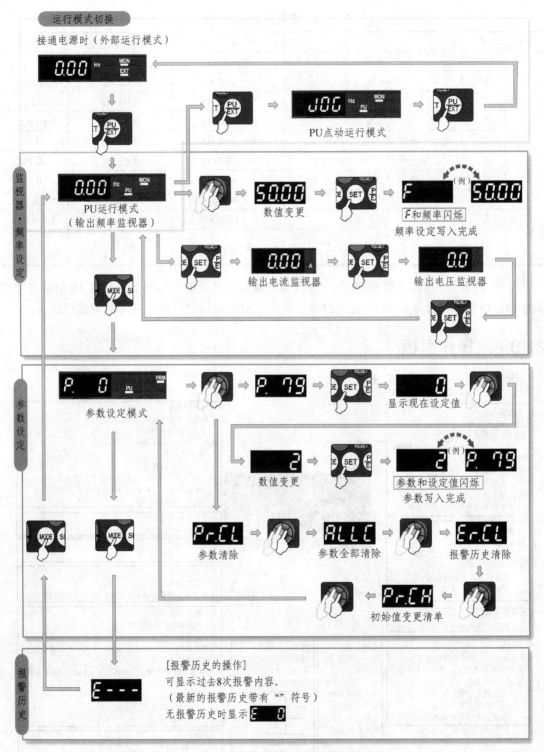

图 21-5　变频器操作面板操作流程图

21.3.9　变频器的运行模式

所谓变频器运行模式，是指对输入到变频器的启动指令和频率指令的输入场所的指定方式，通过参数 Pr79 进行参数设置，常用的有面板操作模式、外部运行模式、面板与外部运行操作组合模式、网络通信控制模式。运行模式如图 21-6 所示。

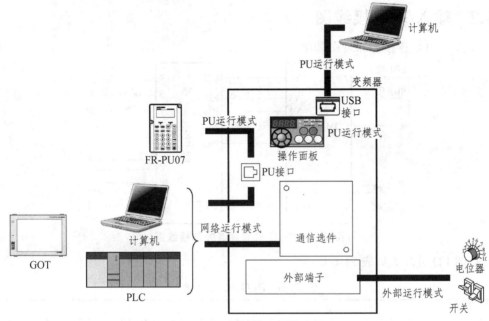

图 21-6　变频器运行模式图

1. 面板模式

使用操作面板来输入启动指令和频率指令，即通过面板完成设定频率以及正转、反转、停止控制。

2. 外部运行模式

使用控制电路端子，通过设置在变频器外部的电位器或开关等来输入启动指令和频率指令，即变频器由外部模拟信号设定输出频率，由外部开关完成正转、反转、停止控制。

3. 面板与外部组合操作模式

由面板设定输出频率，由外部开关完成正转、反转、停止控制。

4. 网络通信模式

通过 PU 接口使用 RS-485 通信数据来输入启动指令和频率指令，通过通信网络控制变频器启动、停止控制和输出频率的变化。

21.4　任务实施

项目实例：基于 PLC、变频器的多段速度控制系统。

21.4.1 设计思路

电动机的 7 段速度运行可以通过变频器的多段速度运行模式来实现。变频器的多段速度运行控制信号通过 PLC 的输出端子来提供，即通过控制变频器的 RL、RM、RH、STR、STF 端子与 SD 端子的接通和断开实现多段速度控制。

21.4.2 输入/输出接线图

变频器与 PLC 连接的原理图如图 21-7 所示。

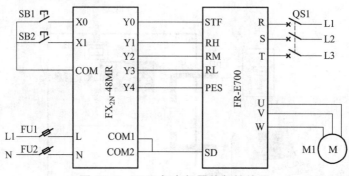

图 21-7 PLC 与变频器外部接线图

PLC 的 I/O 分配表如表 21-6 所示。

表 21-6 PLC I/O 分配表

输入	输入点	输出	输出点
启动按钮 SB1	X0	正转运行信号 STF	Y0
停止按钮 SB2	X1	1 速度 RH	Y1
		2 速度 RM	Y2
		3 速度 RL	Y3
		复位 RES	Y4

21.4.3 多段速度控制逻辑

变频器 7 段速度控制逻辑原理图如图 21-8 所示。

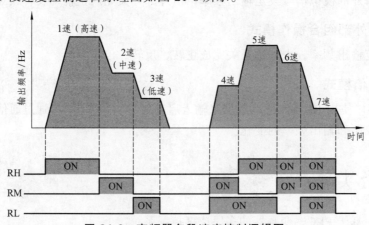

图 21-8 变频器多段速度控制逻辑图

变频器通过控制 RH、RM、RL 使变频器工作在 3 段或 7 段速度。运行频率由参数 P4 ～ P6 和 P24 ～ P27 来设置，由变频器的外部端子信号来控制变频器的实际运行速度。表 21-7 所示为 7 段速度对应的端子控制逻辑图。

表 21-7　变频器多段速度控制逻辑

7 段速度	第 1 速	第 2 速	第 3 速	第 4 速	第 5 速	第 6 速	第 7 速
控制端子闭合	RH	RM	RL	RM、RL	RH、RL	RH、RM	RH、RM、RL
参数号	P4	P5	P6	P24	P25	P26	P27

21.4.4　变频器的参数设定

7 段速度控制模式下 E700 变频器控制参数设置如表 21-8 所示。

表 21-8　变频器参数设定

序号	参数	设置值	说　明
1	P79	3	面板 PU 与外部信号组合控制
2	P1	50 Hz	上限频率
3	P2	0 Hz	下限频率
4	P3	50 Hz	基波频率
5	P7	3 s	加速时间
6	P8	3 s	减速时间
7	P9		电子过电流保护，设置为电机的额定电流
8	P4	10 Hz	多段速度设定　第 1 速
9	P5	20 Hz	多段速度设定　第 2 速
10	P6	25 Hz	多段速度设定　第 3 速
11	P24	30 Hz	多段速度设定　第 4 速
12	P25	35 Hz	多段速度设定　第 5 速
13	P26	40 Hz	多段速度设定　第 6 速
14	P27	50 Hz	多段速度设定　第 7 速

21.4.5 PLC 程序设计

根据系统控制要求，可设计出 7 段速度控制系统的状态转移图，如图 21-9 所示。

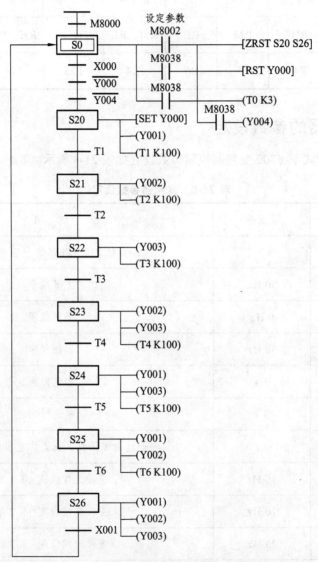

图 21-9 变频器多段速度控制主程序状态图

7 段速度控制系统的梯形图如图 21-10 所示。

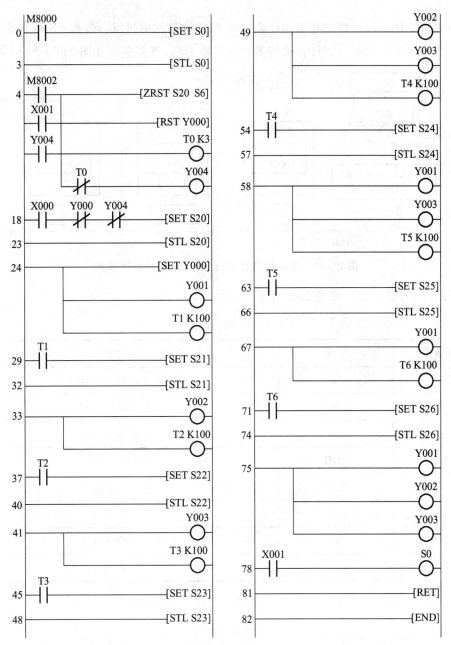

图 21-10　变频器多段速度控制主程序图

21.5　知识拓展

21.5.1　计算机与变频器通信功能

　　一般情况下变频器的 PU 接口是连接变频器的操作面板，设置完参数后，操作面板可以拔出，不影响变频器的运行。PU 接口除了可以通过变频器的操作面板对变频器的参数进行设置和监视外，还可以用作变频器和计算机或 PLC 通信时的接口。带有 RS-485 接口的计算机可与多台变频器进行组合。计算机与多台变频器 1∶N 连接实例如图 21-11 所示。

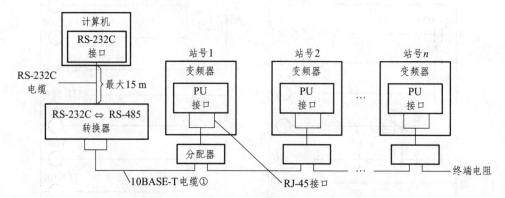

图 21-11　变频器与计算机 RS-232C 通信示意图

PU 端子信号接口定义如表 21-9 所示。

表 21-9　PU 接口定义

插针编号	名称	内容
①	SG	接地（与端子 5 导通）
②	—	参数单元电源
③	RDA	变频器接收 +
④	SDB	变频器发送 −
⑤	SDA	变频器发送 +
⑥	RDB	变频器接收 −
⑦	SG	接地（与端子 5 导通）
⑧	—	参数单元电源

一台 RS-485 接口计算机与一台变频器的通信连接信号线对应图如图 21-12 所示。

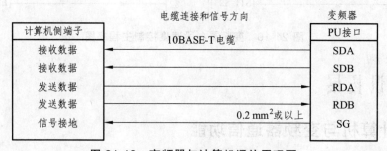

图 21-12　变频器与计算机通信原理图

一台 RS-485 接口计算机与 n 台变频器连接示图如图 21-13 所示。

变频器可以通过 PU 接口、USB 接口与计算机进行通信。计算机使用 RF Configurator 软件，通过 USB 接口对变频器参数进行设置。三菱变频器专用协议（计算机链接通信）和 ModbusRTU 通信协议都是通过 PU 接口进行，可以对变频器进行通信运行、参数设定和监视等操作。三菱变频器通信协议规格如表 21-10 所示。

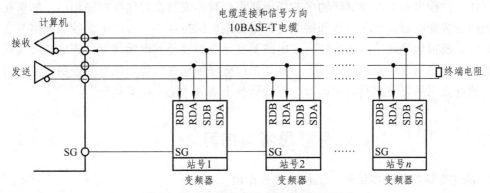

图 21-13　变频器与计算机通信连线图

表 21-10　变频器通信协议

项目		内容
通信协议		三菱协议（计算机链接）
依据标准		EIA-485（RS-485）
连接台数		1：N（最多 32 台），设定为 0～31 站
通信速率	PU 接口	4 800/9 600/19 200/38 400 bps 可选
控制步骤		起止同步方式
通信方法		半双工方式
通信规格	字符方式	ASCII（7 bit/8 bit 可选）
	起始位	1 bit
	停止位长	1 bit/2 bit 可选
	奇偶校验	有（奇数、偶数）无可选
	错误校验	求和校验
	终端器	CR/LF（有无可选）
等待时间设定		有无可选

21.5.2　变频器安装及接线

变频器对安装环境和配线有一定要求。变频器使用的是塑料零件，因此，为了不造成变频器硬件和外观破损，请小心地安装和使用。其次，周围温度对变频器寿命的影响很大，请避免高温、高湿、多尘的场所，安装场所的温度和湿度不能超过允许温度和湿度，例如温度

为 – 10 ~ + 50 ℃, 湿度要求为 $RH \leq 75\%$。同时还要注意，变频器运行过程中可能达到很高的温度，最高时大约为 140 ℃，所以应安装在不可燃物的表面上（例如金属）。同时，为了使热量易于散发应在其周围留有足够的空间。此外还要注意避免太阳光直射，回避油雾等易燃性气体。在棉尘和尘埃等漂浮物多的场所要将变频器安装在封闭型控制柜内。如果在电气控制柜内安装变频器，要求配线和接线与柜壁的距离保持在 10 cm 以上，控制电路与主电路分开布线，模拟信号线采用屏蔽线，主电路要有足够的线径和绝缘等级，还应该可靠接地和具有通风、散热装置。安装完毕后，通电调试前应仔细检查电源主电路和控制电路接线的正确性，检查无误后先空载通电试运行，空载运行正确后才能带负荷运行。

思考与练习

1. 简述变频器的基本结构、工作原理和作用。
2. 三菱变频器的运行模式有哪些？如何实现？
3. 一生产过程工艺要求电机具有 15 种速度，如何实现？画出基本原理图并进行参数设置。

任务 22　触摸屏的应用

22.1　教学指南

22.1.1　知识目标

（1）掌握人机界面的基本知识。

（2）掌握威纶通 MT6056i 触摸屏的基本结构和硬件连接方法。

（3）掌握威纶通触摸屏编程软件 EB8000 的使用方法。

22.1.2　能力目标

（1）掌握触摸屏硬件线路的连接方法。

（2）掌握通过触摸屏对 PLC、变频器等智能设备进行控制的方法。

22.1.3　任务要求

通过威纶通触摸屏相关知识的学习，掌握触摸屏的基本知识和基本应用。

22.1.4　相关知识点

（1）触摸屏与外围单元的连接。

（2）触摸屏软件 EB8000 的使用方法。

（3）用触摸屏实现电机正转控制。

22.1.5　教学实施方法

（1）项目教学法。

（2）行动导向法。

22.2　任务引入

人机界面（HMI）俗称触摸屏，是人与机器交流信息的窗口，使用者只要用手指轻轻地触摸屏幕上的图形或文字信息，就可以实现对机器的控制和信息的显示。触摸屏与 PLC 是现代电气自动控制系统的核心设备，具有操作直观、信息量大、控制方便等优点，在各类机电设备和过程控制中得到了广泛的应用。

对触摸屏的硬件连接和软件编程是正确应用触摸屏的前提。要使 PLC 和变频器等智能设备服从触摸屏的指挥，触摸屏能够顺利进行信息的读取和控制，就需要对触摸屏操作环境和通信参数进行设置，下面就对触摸屏这些基本知识进行讲解。

22.3　相关知识点

22.3.1　威纶通触摸屏硬件知识

本书以 MT6000 系列 HMI 为蓝本进行讲解。MT6056i 的背面和侧面如图 22-1 所示。

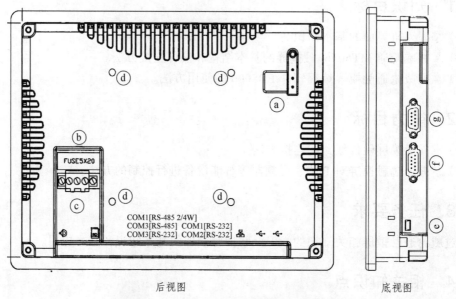

COM1[RS-485 2/4W]
COM3[RS-485]　COM1[RS-232]
COM3[RS-232]　COM2[RS-232]

后视图　　　　　　　　　　底视图

图 22-1　MT6056i 的后视图和底视图

从图 22-1 可以看出，人机界面主要包含电源端子和通信接口，具体的接口定义如表 22-1 所示。

表 22-1　接口定义

a	DIP SW & Reset button	e	USB Client port
b.	Fuse	f	COM1[RS-232]
c.	Power connector	g	COM1[RS-485]
d.	N/A		

　　MT6056i 具有一个高速的 USB2.0 接口，可以方便地与 PC 通信，进行参数配置，软件编程和下载，而且具有监控功能。MT6056i 同时还具有 RS-232/RS-485 2W/4W 通信接口，支持 MPI 187.5K 传输速率。该人机界面单元采用 DC 24 V 供电，功耗电流为 250 mA，外形尺寸为 204 mm×150 mm×48 mm（W×H×D），编程软件采用 EB8000 V3.0.0 及升级版本。

22.3.2　软件安装和运行

　　双击触摸屏软件安装文件"EB8000 V451 setup.exe"就进入软件安装流程，选择好安装路径，按安装提示就能够顺利完成安装过程。安装好软件后，点击桌面上的运行图标进入项目管理界面，如图 22-2 所示。

图 22-2　EB800 软件管理窗口图

在"机型"菜单栏中选择"MT6000/8000 i Series，TK6000 Series"，连接方式选择"USB"，点击"EasyBuilder8000"按钮后进入了监控画面的编辑界面。

22.3.2　新建工程

下面以连接三菱公司的 FX_{2N} 系列 PLC 为例进行简单工程项目的实施。首先触控编程界面的工具条上开启新文件的工作按钮，操作界面如图 22-3 所示。

图 22-3　开启新文件窗口

点击"文件"菜单下的"新建文件"后弹出 HMI 型号配置画面,如图 22-4 所示。

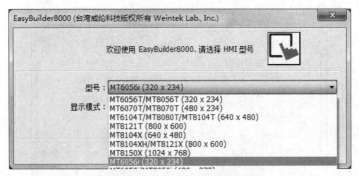

图 22-4　HMI 型号选择图

选择 HMI 型号,点击"确定"进入系统参数设置画面后,就可以进行 PLC 和 HMI 参数的配置。编辑程序之前,需要对 PLC 和 HMI 进行配置。点击"编辑"菜单下的"系统参数设置"进入系统参数设置画面,进行 PLC 型号的选择和 HMI 型号的选择,以及通信参数的设置。需要注意的是,"设备列表"和"HMI"属性需要进行单独配置。我们这里新增加了1 个设备,画面上就有 2 个设备了,一个是三菱 FX_{2N}-48MR PLC,一个设备是 MT6056i 人机界面。其他参数采用默认配置。系统参数设置如图 22-5 所示。

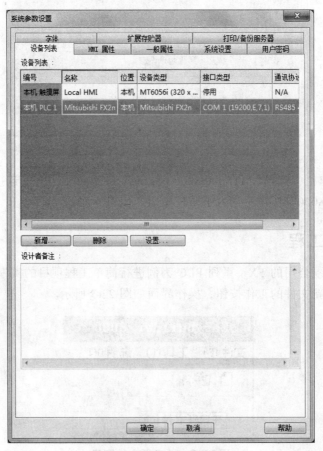

图 22-5　系统参数设置

选择 PLC 硬件后，点击"设置"按钮，进入 PLC 的参数配置画面，如图 22-6 所示。

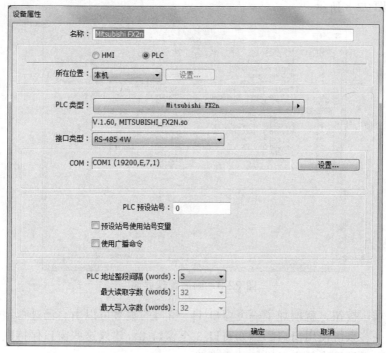

图 22-6　PLC 参数配置图

PLC 参数设置主要是对 PLC 与人机界面通信连接参数进行设置，有接口类型和 COM 口等几个重要的通信连接参数。PLC 参数设置好后点击"确定"，进入控制画面制作。一个完整的设计步骤包括：画面编辑、编译、模拟与下载。下文分别就各项内容进行简单介绍。

22.3.3　画面制作

画面制作阶段主要是使用 EB8000 软件设计所需的各种控制、监控、报警画面。监控画面编辑完成后可将画面内容保存为 MTP 文件。画面制作窗口如图 22-7 所示。

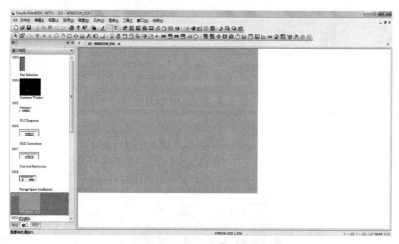

图 22-7　画面制作界面

默认的编辑窗口编号为 10，可以增加窗口。点击"窗口"菜单的"窗口列表"，进入窗口编辑图，如图 22-8 所示。

图 22-8　画面管理界面

点击"新增"按钮，就增加了一个窗口 11。窗口的编号可以由自己进行编辑和定义，需要注意的是有一些系统使用窗口，例如窗口 3 至窗口 8，建议这些窗口保持默认设置。点击"设置"就可以对被选中的窗口进行外观设置。

点击菜单上的位按钮，弹出按钮设置画面，如图 22-9 所示。

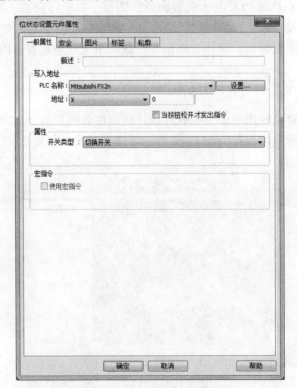

图 22-9　输入和输出配置窗口

该窗口有几个配置项，在一般属性配置项中，"写入地址"我们选择 PLC 的 X0，即该按钮对应 PLC 的 X000，按钮的开关类型设置为"切换型"。选中按钮，点击右键，可以对按钮属性进行设置，设置窗口如图 22-10 所示。同样，我们在画面上还可以新增加一个指示灯，配置选为 PLC 的 X0，对应相应的按钮开关。制作的画面如图 22-10 所示。

图 22-10　案例界面

这样，一个基本的画面就制作好了，接着就可以进行画面的后续操作了。

22.3.4　编　译

在使用 EB8000 完成工程文件（MTP）画面制作后，下一步需要使用 EB8000 提供的编译功能，将 MTP 文件编译为下载到 HMI 所需要的 XOB 文件。编译后还可以进行模拟仿真。模拟仿真分为在线模拟和离线模拟。编译之前还需要先保存新建的项目，之后选择菜单栏上的"工具"菜单下的编译项，弹出编译窗口对话框，如图 22-11 所示。

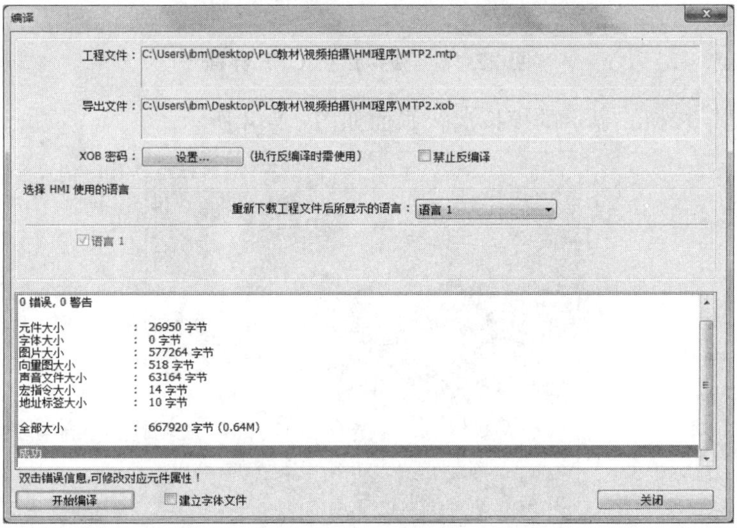

图 22-11　编译界面

编译完成后，对话框中的信息栏会显示编译信息和编译是否成功等信息。信息主要包括元件大小、字体大小、图片大小、向量图大小、声音文件大小、宏指令大小、地址标签大小等信息内容。

22.3.5 模 拟

这里我们选择"工具"菜单下的编译和离线模拟。模拟快捷菜单条如图 22-12 标所示。

图 22-12　模拟快捷菜单条

模拟可分为"离线模拟"与"在线模拟"两种。"离线模拟"不需连接 HMI，PC 会使用虚拟设备模拟 HMI 的行为；"在线模拟"则需接上 HMI，并需正确设定与这些 HMI 进行通信的参数。要进行"离线模拟"与"在线模拟"，可以使用 Project Manager 的"离线模拟"与"在线模拟"功能；另一种方式是使用 EB8000 所提供的功能，触控工具条上的"离线模拟"与"在线模拟"按钮后即可进行这些模拟。

我们选择离线模拟，模拟运行画面如图 22-13 所示。

图 22-13　模拟运行 OFF 界面

点击"启动"按钮，显示的模拟运行画面如图 22-14 所示。

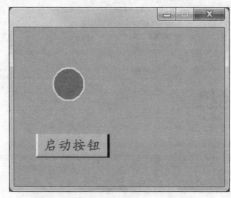

图 22-14　模拟运行 ON 界面

22.3.6 下　载

为了使人机界面能够实现对 PLC 的信息交互和控制，需要把编译好的工程文件下载到 HMI 中。下载一般是在完成模拟运行动作，确认画面结果无误的情况下，将 XOB 文件下载到触摸屏中。下载 XOB 文件的方式有两种，一种是利用 Project Manager 的"下载"功能，此部分请参考有关 Project Manager 的说明；另一种是使用 EB8000 软件的下载功能，点击"工具"菜单条下的"下载"按钮，弹出"下载对话窗"，显示如图 22-15 所示的下载界面。

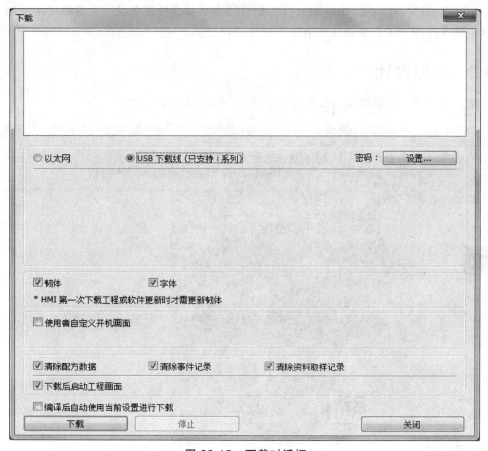

图 22-15　下载对话框

下载对话框中有一些下载参数设置，包括下载通信方式选择（是 USB 还是以太网方式）、下载密码设置、是否清除触摸屏上以前的所有事件记录和取样文件、下载成功后是否重新启动触摸屏等数据设置功能。选择好参数之后，点击"下载"按钮就进入下载的执行过程中。下载过程顺利的话，会显示下载成功信息。

至此，一个简单的监控画面就制作好了。如果还需进行联机调试，在下载成功后，连接好 PLC 就可以实现人机界面对 PLC 的控制了。

22.4　任务实施

项目案例：多段速度控制画面设计。

22.4.1　设计要求

（1）根据上一任务中变频器的多段速度控制系统，要求通过人机界面实现 PLC 对变频器的启动和停止控制。

（2）要求显示当前电机运行速度。

（3）要求通过变频器的 RH、RM、RL 信号状态显示变频器多段速度逻辑控制原理。

（4）要求连接 PLC、变频器和电机等硬件并调试。

22.4.2　画面设计

根据设计要求，人机界面设计的监控画面如图 22-16 所示。

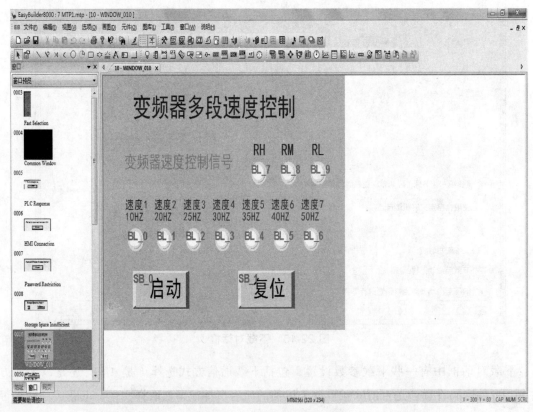

图 22-16　多段速度设计画面

22.4.3　编译运行

监控画面设计好之后，进行保存、编译、下载，然后进入模拟运行，显示如图 22-17 所示画面。

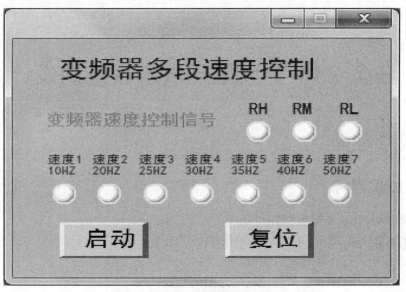

图 22-17　多段速度运行画面

22.5　知识拓展

人机界面实现了信息的内部形式与人类可接受形式之间的转换。凡涉及人机信息交流的领域都存在人机界面。

人机界面广泛应用在工业自动化领域中，能更好地反映出设备和流程的状态，并通过视觉和触摸的效果，带给客户更直观的体验和感受。目前国内的很多产业，例如机床、纺织机械、电子设备等行业，一些原本不用人机界面的行业，现在也广泛使用人机界面了，这说明人机界面已经成为产业升级换代的重要部分。目前，中国是全球人机界面低端市场需求量最大的市场，以后人机界面在外观、功能、应用场合等方面还有很大的上升空间，特别是在计算机嵌入化开发、设备功能智能化、界面时尚化、通信网络化和节能环保等方面。

人机界面常见的品牌有：西门子、台达、施耐德、威纶通、三菱、维控、人机电子等。

思考与练习

1. 如何进行 EB8000 软件的安装？
2. 怎样在画面中插入按钮、指示灯、文本、日期和时间开关？
3. 怎样进行画面的切换？
4. 怎样在画面中插入数字显示、数字输入和历史曲线？

任务 23　变频恒压供水系统的设计

23.1　教学指南

23.1.1　知识目标

（1）掌握 PLC 控制系统的硬件和软件设计方法。

（2）掌握传感器、PLC、HMI、变频器等元器件相关知识。

（3）掌握如何进行控制对象需求分析。

（4）掌握 PLC、HMI、变频器控制电路图的绘制。

（5）掌握 PLC、HMI、变频器硬件连接和编程方法。

（6）掌握 PLC、HMI、变频器的联调方法。

（7）掌握恒压供水系统电路原理、编程思路和调试维护方法。

23.1.2　能力目标

（1）具备进行自动化控制系统方案设计的能力：需求分析、硬件选型、控制方案编写。

（2）具备对自动化控制系统设计方案进行项目实施的能力：硬件连接、软件编程、调试和维护技能。

（3）具备团队组织和协调合作能力。

23.1.3　任务要求

通过变频恒压供水系统的设计，掌握 PLC 控制系统的硬件和软件设计方法。

23.1.4　相关知识点

（1）恒压供水控制系统的基本知识和工作原理。

（2）供水系统需求分析。

（3）设计任务及要求。

（4）变频器的选择和设计。

（5）PLC 控制系统的设计和编程。

（6）触摸屏系统设计。

23.1.5　教学实施方法

（1）项目教学法。

（2）行动导向法。

23.2　任务引入

随着城市建设的迅速发展和城市人口的不断增多，越来越多的小高层、超高层建筑如雨后春笋般拔地而起。对于这些高楼大厦的住户来说，用水问题尤为重要，供水的可靠性、稳定性、经济性直接影响着人们的正常工作和生活质量。目前通常采用水泵打压方式将市管的水抽至高层供用户使用。但用户用水情况有时间性，早上、中午的用水量较大，晚上的用水量最大，白天上班和凌晨睡觉期间用水量最小。如果只采用水泵直接抽水的话，有可能导致水压不稳，造成用水高峰期，水的供给量常常低于需求量，出现水压降低供不应求的现象；而在用水低峰期，水的供给量常常高于需求量，出现水压升高供过于求的情况，造成能量浪费的同时也可能导致爆管和设备的损坏。为解决这个问题，利用先进的自动化控制技术，设计出高性能、高节能、能适应供水厂复杂环境的恒压供水系统成为必然趋势。恒压供水系统就是通过接入压力传感器，实时检测其管网水压，当水压超过其设定值时，减慢水泵速度以降低水压，当水压低于其设定值时，加快水泵速度以增加水压。该系统不但能够很好地克服传统供水存在的问题，还具有节约能源、节省占地和投资、调节能力大、运行稳定可靠的优势，具有广阔的应用前景和明显的经济效益与社会效益。

23.3　相关知识点

23.3.1　项目总体设计要求

控制要求：本次设计的对象是 30 m 高楼房的供水系统。研究基于 HMI 的供水监控系统设计，使系统获得较好的性能指标。主要设计要求为：

（1）调查供水系统的运行工艺情况；

（2）研究恒压变频供水的控制方法；

（3）设计恒压供水控制系统的硬件电路；

（4）开发基于威纶通 HMI 的监控界面；

（5）完成系统调试，实现对系统的高性能控制。

23.3.2　供水系统方案分析

恒压供水系统方案如图 23-1 所示。

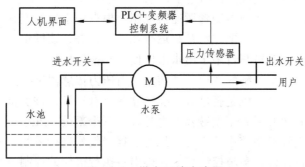

图 23-1　供水系统方案图

供水系统如图 23-1 所示，自来水厂送来的水先储存在水池中，再通过水泵加压送给用户。水泵加压后，要求是恒压供给每一个用户，所以在用户的管网上安装有压力传感器。压力传感器的任务是检测管网水压，压力设定为用户需要的水压预期值。压力设定信号和压力反馈信号输入控制器后，经可编程控制器或变频器 PID 回路调节器运算后，输出给变频器一个转速控制信号。

目前国内外不少生产厂家推出了一系列专用风机水泵控制产品，如三菱公司的 FR-F700 系列、施耐德公司的 ATV78 泵切换卡等。这些产品把 PID 调节器集成在变频器内部，省去了 PLC 模拟量扩展模块的选用和对 PID 算法的编程。由于变频器内部自带的 PID 调节器采用了优化算法，所以使水压的调节十分平滑和稳定，变频器内部的 PID 参数在线调试也非常容易，这不仅降低了生产成本，而且大大提高了生产效率。

23.3.3　电气系统的构成

电气控制系统采用变频器切换方式，即同一时刻只有一台泵采用变频器控制，其余泵均为采用工频工作的方式。通过变频器 PID 控制方式为电机提供可变频率的电源，实现电机的无级调速，从而使管网水压连续变化。该系统的优点是成本较低，维护方便。控制系统原理如图 23-2 所示。

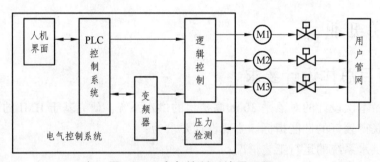

图 23-2　电气控制系统原理图

如图 23-2 所示，整个系统由三台水泵，一台变频调速器，一台 PLC 和一个压力传感器及若干辅助部件构成。三台水泵中每台泵的出水管均装有手动阀，以供维修和调节水量之用，三台泵协调工作以满足供水需要；变频供水系统中检测管路压力的压力传感器，一般采用电阻式传感器（反馈 0 ~ 5 V 电压信号）或压力变送器（反馈 4 ~ 20 mA 电流信号）；变频器是供水系统的核心，通过改变电机的频率实现电机的无级调速、无波动稳压的效果和各项功能。整个系统由执行机构、信号检测、控制系统、人机界面以及报警装置等几大部分组成。

执行机构是由一组水泵组成，它们用于将水供入用户管网，3 个水泵分为两种工作状态：调速状态和恒速状态。调速状态由变频调速器控制，根据用水量的变化改变电机的转速，以维持管网的水压恒定；恒速状态下，水泵只运行在工频状态，速度恒定。

信号检测部分，主要是检测自来水出水水压信号和报警信号。水压信号反映的是用户管网的水压值，它是恒压供水控制的主要反馈信号，由压力传感器进行采集。报警信号，它反映系统是否正常运行，水泵电机是否过载、变频器是否有异常，该类信号为开关量信号。

控制系统，主要是 PLC 系统、变频器和电控设备三个部分。PLC 是整个变频恒压供水控制系统的核心，PLC 直接对系统中的工况、压力、报警信号进行采集，对来自人机接口和通信接口的数据信息进行分析、实施控制算法，得出对执行机构的控制方案，通过变频调速器和接触器对执行机构（水泵）进行控制。变频器是对水泵进行转速控制的单元，变频器跟踪供水控制器送来的压力控制信号，通过 PID 调节，完成对调速泵转速的控制。电控设备主要由一组接触器、保护继电器、转换开关等电气元件组成，用于在供水控制器的控制下完成对水泵的切换、手/自动切换等。

人机界面是人与机器进行信息交流的场所。通过人机界面，使用者可以更改设定压力，修改一些系统设定以满足不同工艺的需求，同时使用者也可以从人机界面上得知系统的一些运行情况及设备的工作状态。人机界面还可以对系统的运行过程进行监视，对报警进行显示。

通信接口的功能是便于远程监控、诊断和维护。报警系统，作为一个控制子系统，目的是保障系统安全、可靠、平稳的运行，防止因电机过载、变频器报警、电网过大波动、供水水源中断、出水超压、泵站内溢水等原因造成故障，避免不必要的损失。

23.4　任务实施

23.4.1　电气控制材料选型

1. PLC 选型

PLC 主要是根据控制对象的要求进行选型，首先需要分析控制对象的输入输出点数、电源模式、特殊要求等信息。输入信号方面，控制系统的启动和停止需要 2 个输入点，变频器极限频率的检测信号占用 PLC 的 2 个输入点，系统手动/自动启动需要个 1 输入点，手动控制电机的工频/变频运行需要 6 个输入点，检测电机是否过载需要 3 个输入点，控制系统停止运行需要 1 个输入点，共需要 15 个输入点。输出信号方面，本系统有 M1、M2、M3 共 3 个水泵，水泵可变频运行，也可工频运行，所以需要 6 个 PLC 输出点；另外变频器的运行与关断电源需要 1 个输出点，控制变频器使电机正转需要 1 个输出信号，报警器控制需要 1 个输出点，所以一共需要 9 个输出点。特别需要注意的一点是，接触器控制电源和报警点可以采用 AC 220 V 电源进行输出，控制变频器正转运行的信号 STF 是 DC 24 V 负端，所以注意 PLC 的公共端 COM 要分开，避免电源短路，损坏 PLC 和变频器。根据以上分析统计，考虑一定的余量，我们选用三菱公司 FX_{2N}-48MR-D 型 PLC 比较合适。PLC 的接线如图 23-3 所示。

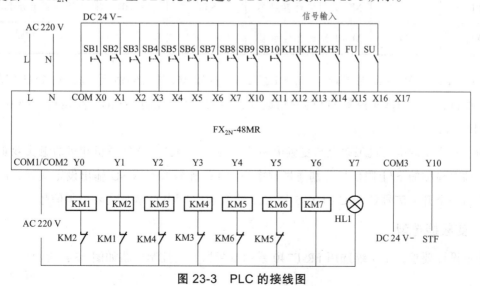

图 23-3　PLC 的接线图

PLC 输入信号配置如表 23-1 所示。

表 23-1　PLC 输入信号配置表

输入信号	X 编号	说明	输入信号	X 编号	说明
SB1	X0	启动	SB9	X10	M3 工频
SB2	X1	停止	SB10	X11	M3 变频
SB3	X2	手动/自动	KH1	X12	M1 过载保护
SB4	X3	变频器手动	KH2	X13	M2 过载保护
SB5	X4	M1 工频	KH3	X14	M3 过载保护
SB6	X5	M1 变频	FU	X15	变频器下限频率
SB7	X6	M2 工频	SU	X16	变频器上限频率
SB8	X7	M2 变频			

PLC 输出信号配置如表 23-2 所示。

表 23-2　PLC 输出信号配置表

输出信号	Y 编号	说明	输出信号	Y 编号	说明
KM1	Y0	M1 工频运行接触器	KM6	Y5	M3 变频运行接触器
KM2	Y1	M1 变频运行接触器	KM7	Y6	变频器运行接触器
KM3	Y2	M2 工频运行接触器	HL1	Y7	报警指示灯
KM4	Y3	M2 变频运行接触器	STF	Y10	变频器启动信号
KM5	Y4	M3 工频运行接触器			

Y0 接 KM1 控制 M1 的工频运行，Y1 接 KM2 控制 M1 的变频运行；Y2 接 KM3 控制 M2 的工频运行，Y3 接 KM4 控制 M2 的变频运行；Y4 接 KM5 控制 M3 的工频运行，Y5 接 KM6 控制 M3 的变频运行。

为了防止出现电动机工频电与变频电短路的现象，设计了软件逻辑和机械触头双重电气互锁。频率检测的下/上限信号分别通过频率检测 FU 和频率到达 SU 输出设定实现，满足要求时输出一个开关信号到 PLC 的 X15 与 X16 输入端作为 PLC 增泵减泵控制信号。

2. 变频器选型

根据设计要求，本系统选用 FR-F740 系列变频器，其控制电路如图 23-4 所示。

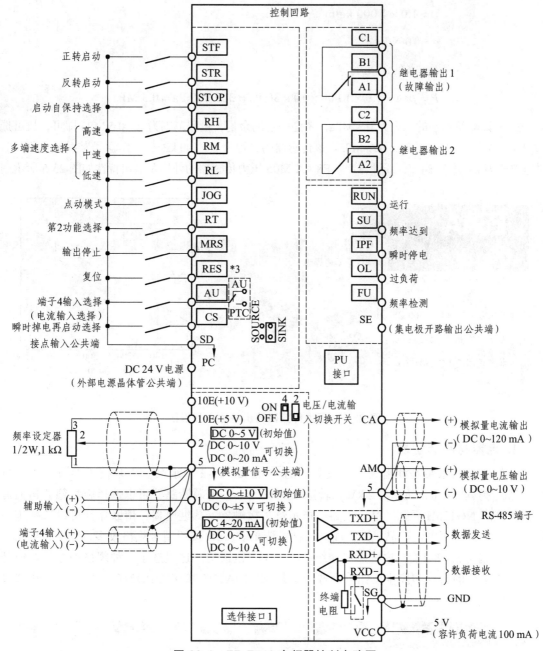

图 23-4　FR-F740 变频器控制电路图

FR-F740 变频器自带 PID 功能，这里只需要通过模拟量端子 2 进行频率设定输入，端子 4 连接管网的压力传感器。

3. 压力传感器选型

建筑物的高低决定了水的压强，水压决定了压力传感器的选择和水泵等机械和电气材料的选择。这里以 30 m 高建筑为例。

$$水的压强 \ P = \rho g h$$

$$\rho = 1.0 \times 1\,000 \text{ kg/m}^3$$

$$g = 10 \text{ N/kg}$$

$$h = \text{水的深度/m}$$

$$P = \rho g h = 1.0 \times 1\,000 \times 10 \times 30 \text{ Pa} = 300\,000 \text{ Pa} = 0.3 \text{ MPa}$$

30 m 高建筑物水的压力为 0.3 MPa，考虑一定的余量，量程范围为 0～0.5 MPa 即可，故可选欧姆龙公司的压力传感器 E8 AA-M05。该传感器的量程为 0～500 kPa，工作温度为 –10～60 ℃，供电电源为 DC 12～24 V，线性输出。E8 AA-M05 压力传感器的外形及输出特性如图 23-5 所示。

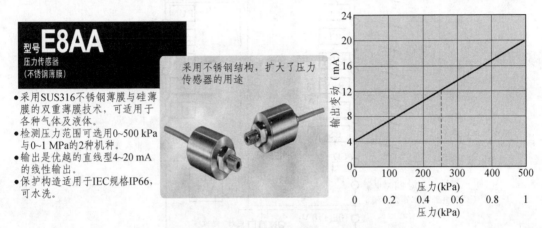

图 23-5　压力传感器输出特性和外形图

4. 电器材料选型表

我们选择的水泵是湖南天宏泵业公司的 40LG12-15-2 型水泵。水泵技术参数为：流量 12 m³/h，扬程 30 m，功率 2.2 kW，转速 2 900 r/min。电源断路器可以选择施耐德公司的低压电气产品 NG125H 系列产品。按钮、指示灯、接触器、热继电器、熔断器都可以选择施耐德公司对应的低压电气产品，详细规格见材料清单表。SB 按钮型号规格较多，型号和接线与 PLC 程序编辑密切相关，这里重点介绍一下 SB 按钮选型。这里选了三种规格型号的按钮开关。控制系统的启动和停止按钮分别选择的是 XB2BA11C 和 XB2BD21C 型按钮。按钮选型资料如图 23-6 所示。

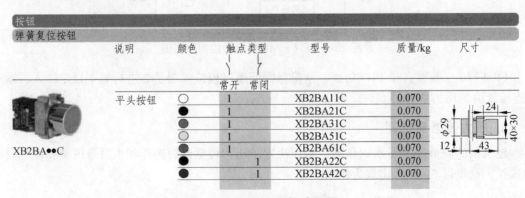

图 23-6　XB2B 按钮选型图

控制系统的手动/自动选择按钮、变频器器手动按钮、电机工频和变频选择按钮分别选择的是 XB2BD21C 和 XB2BD53C 型按钮。按钮选型资料如图 23-7 所示。

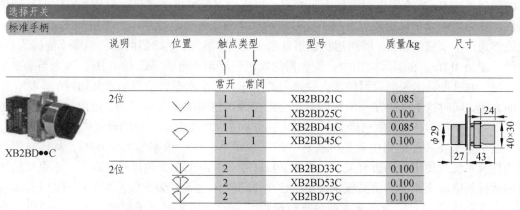

图 23-7　XB2B 选择开关选型图

该系统主要电气材料选型表如表 23-3 所示。

表 23-3　元件汇总表

元件	符号	型号	个数
可编程控制器	PLC	FX$_{2N}$-48MR-D	1
变频器	VVVF	FR-F740-3.7K-CHT1	1
接触器	KM	LC1E09、LC1E18	7
水泵	M1、M2、M3	40LG12-15-2	3
断路器	QF1	NG125H-32	1
	QF2	NG125H-20	1
熔断器	FU	LS1D32 + DF2BA1000	3
热继电器	KH	LR3D10（4～6 A）	3
按钮	SB1	XB2BA31（绿色）	1
	SB2	XB2BA42（红色）	1
	SB3、SB4	XB2BD21C （2位1常开锁定型转换开关）	2
	SB5/SB6、SB7/SB8、SB9/SB10	SB2BD53C （3位2常开返回型转换开关）	3

23.4.2　控制策略分析

在上面的工作流程中，我们提到当一台调速水泵已运行在上限频率，此时管网的实际压力仍低于设定压力，需要增加恒速水泵来满足供水要求，达到恒压的目的。当调速水泵和恒速水泵都在运行且调速水泵已运行在下限频率，此时管网的实际压力仍高于设定压力，需要减少恒速水泵来减少供水流量，达到恒压的目的。

尽管通用变频器的频率都可以在 0～400 Hz 范围内进行调节，但当它用在供水系统中时，其频率调节的范围是有限的，不可能无限地增大和减小。当正在变频状态下运行的水泵电机要切换到工频状态下运行时，只能在 50 Hz 时进行。由于电网的限制以及变频器和电机工作频率的限制，50 Hz 成为频率调节的上限频率。当变频器的输出频率已经到达 50 Hz 时，即使实际供水压力仍然低于设定压力，也不能够再增加变频器的输出频率了。要增加实际供水压力，只能够通过水泵机组切换，增加运行机组数量来实现。另外，变频器的输出频率不能够为负值，最低只能是 0 Hz。在实际应用中，变频器的输出频率是不可能降低到 0 Hz，因为当水泵机组运行时，电机带动水泵向管网供水，管网中的水压会反推水泵，给带动水泵运行的电机一个反向的力矩，同时这个水压在一定程度上也会阻止源水池中的水进入管网。因此，当电机运行频率下降到一个值时，水泵就已经抽不出水了，实际的供水压力也不会随着电机频率的下降而下降。这个频率在实际应用中就是电机运行的下限频率，这个频率远大于 0 Hz，具体数值与水泵特性及系统所使用的场所有关，一般在 20 Hz 左右。由于在变频运行状态下，水泵机组中电机的运行频率由变频器的输出频率决定，这个下限频率也就成为变频器频率调节的下限频率。

在实际应用中，应当在确实需要进行机组切换的时候才进行机组的切换，一般设置有延时判别。所谓延时判别，是指系统仅满足频率和压力的判别条件是不够的，还需要在满足切换所要求的频率和压力的判别条件必须成立基础上能够维持一段时间（比如 1～2 min），如果在这一段延时的时间内切换条件仍然成立，则进行实际的机组切换操作；如果切换条件不能够维持延时时间的要求，说明判别条件的满足只是暂时的，如果立刻进行机组切换将可能引起一系列多余的切换操作和频繁操作。

23.4.3　主电路设计

根据系统要求，控制系统主电路设计如图 23-8 所示。电机有两种工作模式，即在工频电下运行和在变频电下运行。KM1、KM3、KM5 分别为电动机 M1、M2、M3 工频运行时接通电源的控制接触器，KM2、KM4、KM6 分别为电动机 M1、M2、M3 变频运行时接通电源的控制接触器。

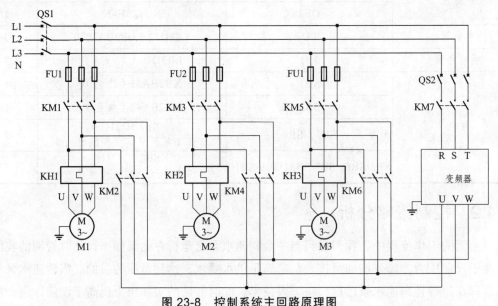

图 23-8　控制系统主回路原理图

热继电器 KH 是利用电流的热效应原理工作的保护电路，它在电路中用作电动机的过载保护。熔断器（FU）是电路中的一种快速的短路保护装置。使用中，如果电流超过允许值，其产生的热量使串接于主电路中的熔体熔化而切断电路，防止电气设备短路和严重过载。

主电路工作原理如下：

控制电源的空气开关闭合后，供水系统投入运行。将手动、自动开关打到自动上，系统进入全自动运行状态，PLC 中程序首先接通 KM7，并启动变频器。根据压力设定值（根据管网压力要求设定）与压力实际值（来自于压力传感器）的偏差进行 PID 调节，并输出频率信号给变频器。变频器根据频率给定信号及预先设定好的加速时间控制水泵的转速以保证水压保持在压力设定值的上、下限范围之内，实现恒压控制。同时变频器在运行频率达到上限，会将频率到达信号送给 PLC，PLC 则根据管网压力的上、下限信号和变频器的运行频率是否到达上限的信号，由程序判断是否要启动第 2 台泵（或第 3 台泵）。当变频器运行频率达到频率上限值，并保持一段时间后，PLC 会将当前变频运行泵切换为工频运行，并迅速启动下 1 台泵变频运行。此时 PID 会继续对由远传压力表送来的检测信号进行分析、计算、判断，进一步控制变频器的运行频率，使管压保持在压力设定值的上、下限偏差范围之内。

增泵工作过程：假定增泵顺序为 1、2、3 泵。开始时，1 泵电机在 PLC 控制下先投入调速运行，其运行速度由变频器调节。当供水压力小于压力预置值时变频器输出频率升高，水泵转速上升，反之下降。当变频器的输出频率达到上限，并稳定运行后，如果供水压力仍没达到预置值，则需进入增泵过程。在 PLC 的逻辑控制下将 1 泵电机与变频器连接的电磁开关断开，1 泵电机切换到工频运行，同时变频器与 2 泵电机连接，控制 2 泵投入调速运行。如果还没到达设定值，则继续按照以上步骤将 2 泵切换到工频运行，控制 3 泵投入变频运行。

减泵工作过程：假定减泵顺序依次为 3、2、1 泵。当供水压力大于预置值时，变频器输出频率降低，水泵速度下降，当变频器的输出频率达到下限，并稳定运行一段时间后，把变频器控制的水泵停机，如果供水压力仍大于预置值，则将下一台水泵由工频运行切换到变频器调速运行，并继续减泵工作过程。如果在晚间用水不多时，当最后一台正在运行的主泵处于低速运行时，如果供水压力仍大于设定值，则停机并启动辅泵投入调速运行，从而达到节能效果。

23.4.4　变频器 PID 控制

PID 控制系统就是根据系统的误差，利用比例、积分、微分计算出控制量进行控制的系统。在比例控制中，控制器的输出与输入误差信号成比例关系。

在积分控制（I）中，控制器的输出与输入误差信号的积分成正比关系，为了消除稳态误差，在控制器中必须引入积分项。积分项的误差取决于时间的积分，随着时间的增加，积分项会增大。这样，即便误差很小，积分项也会随着时间的增加而加大，它推动控制器的输出增大，使稳态误差进一步减小，直到等于零。因此，比例 + 积分（PI）控制器，可以使系统在进入稳态后无稳态误差。

在微分（D）控制中，控制器的输出与输入误差信号的微分（即误差的变化率）成正比关系。自动控制系统在克服误差的调节过程中可能会出现振荡甚至失稳。其原因是由于存在有较大惯性组件（环节）或有滞后（delay）组件，具有抑制误差的作用，其变化总是落后于误差的变化。解决的办法是使抑制误差的作用变得"超前"，即在误差接近零时，抑制误差的作用就应该是零。也就是说，在控制器中仅引入"比例"项往往是不够的，比例项的作用仅是放大误差的幅值，而目前需要增加的是"微分项"，它能预测误差的变化趋势，这样，具有比例＋微分的控制器，就能够提前使抑制误差的控制作用等于零，甚至为负值，从而避免了被控量的严重超调。所以对有较大惯性或滞后的被控对象，比例＋微分（PD）控制器能改善系统在调节过程中的动态特性，具有抑制振荡的作用。

本系统就是采用 PID 控制，较其他组合控制效果要好，基本上能获得无偏差、精度高和系统稳定的控制过程。这种控制方式用于从产生偏差到出现响应需要一定时间的负载系统，即实时性要求不高的系统，工业上的过程控制系统一般都是此类系统，本系统也比较适合 PID 调节。

通过被控制对象的传感器等检测控制量（反馈量），将其与目标值（温度、流量、压力等设定值）进行比较。若有偏差，则通过此功能的控制使偏差为零。也就是使反馈量与目标值相一致的一种通用控制方式。它比较适用于流量控制、压力控制、温度控制等过程量的控制。在恒压供水中常见的 PID 控制器的控制形式主要有两种：第一种是硬件型，即通用 PID 控制器，在使用时只需要进行线路的连接和 P、I、D 参数及目标值的设定；第二种是软件型，即使用离散形式的 PID 控制算法在可编程序控制器上做 PID 控制器。我们这里采用变频器内部自带的 PID，其控制原理如图 23-9 所示。

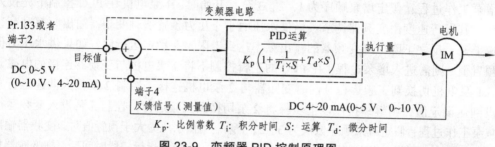

K_p：比例常数　T_i：积分时间　S：运算　T_d：微分时间

图 23-9　变频器 PID 控制原理图

变频器能够进行流量、风量或者压力等过程控制，是因为其具有由端子 2 输入信号或参数设定值作为目标，端子 4 输入信号作为反馈量组成的 PID 控制的反馈系统。PID 调节参数如表 23-4 所示。

表 23-4　变频器参数设置表

参数号	名称	初始值	设定范围		内容
127	PID 控制自动切换频率	9999	0 ~ 400 Hz		设定自动切换到 PID 控制的频率
			9999		无 PID 控制自动切换功能
128	PID 动作选择	10	10	PID 负作用	偏差量信号输入（端子 1）
			11	PID 正作用	
			20	PID 负作用	测定值（端子 4）
			21	PID 正作用	目标值（端子 2 或 Pr.133）
			50	PID 负作用	偏差值信号输入
			51	PID 正作用	（LonWorks. CC-Link 通信）
			60	PID 负作用	测定值，目标值输入
			61	PID 正作用	（LonWorks. CC-Link 通信）
129*1	PID 比例带	100%	0.1 ~ 1 000%		如果比例常数范围较窄（参数设定值较小），反馈量的微小变化会引起执行量的很大改变。因此，随着比例范围变窄，响应的灵敏性（增益）得到改善，但稳定性变差，例如：发生振荡。 增益 $K_p = 1/$ 比例常数
			9 999		无比例控制

参数号	名称	初始值	设定范围	内容
131*₁	PID 积分时间	1 s	0.1～3 600 s	在偏差步进输入时,仅在积分(I)动作中得到与比例(P)动作相同的操作量所需要的时间(T_i)。随着积分时间的减少,到达设定值就越快,但也容易发生振荡
			9 999	无积分控制
131	PID 上限	9 999	0～100%	设定上限。如果反馈量超过此设定,就输出 FUP 信号。测定值(端子4)的最大输入(20 mA/5 V/10 V)等于100%
			9 999	功能无效
132	PID 下限	9 999	0～100%	设定下限。如果检测值超过此设定,就输出 FDN 信号。测定值(端子4)的最大输入(20 mA/5 V/10 V)等于100%
			9 999	功能无效
133*₁	PID 目标设定	9 999	0～100%	设定 PID 控制时的设定值
			9 999	端子2输入为目标值
134*₁	PID 微分时间	9 999	0.01～10.00 s	在偏差指示灯输入时,得到仅比例(P)动作的操作量所需要的时间(T_d)。随着微分时间的增大,对偏差的变化的反应也加大
			9 999	无微分控制

通过设置和调试上面相关参数,就可以让系统工作在稳定的 PID 反馈控制系统中。

23.4.5 PLC 程序设计

1. PLC 控制思路

PLC 在系统中的作用是控制交流接触器组进行工频-变频的切换和水泵工作数量的调整。系统电源接通之后,首先检测系统的运行模式,是自动运行模式还是手动运行模式。手动运行模式下,系统运行需要操作人员手动操作按钮,操作人员根据自己的需要启动相应的电机;自动运行模式下,按下启动按钮后,系统根据相关的输入信号和反馈信号执行相应的操作。

手动模式主要是进行系统调试和在故障情况下运行控制系统。自动运行模式中,PLC 如果接收到频率上限信号,则执行增泵程序,增加水泵的工作数量;如果接收到频率下限信号,则执行减泵程序,减少水泵的工作数量;没接到信号就维持现有的运行状态。PLC 程序控制思想如图 23-10 所示。

控制系统接通电源后,首先是 PLC 系统自检。按下系统自动按钮后,PLC 判断是手动运行模式还是自动运行模

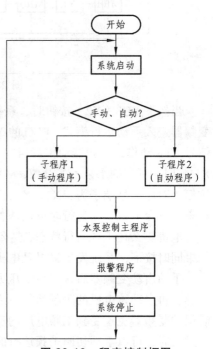

图 23-10　程序控制框图

式,如果是手动模式就调用手动子程序,如果是自动运行模式就调用自动子程序。调用结束后进行水泵的主程序执行,控制电机的运行。系统有故障会进行报警程序的运行,同时输出声光报警,

提醒操作人员。在任何模式下，只要按下停止按钮，系统就停止运行，重新进入待机模式。PLC
详细编程见本章的 PLC 主程序一节。

2. 手动运行模式

手动运行模式的顺序功能图如图 23-11 所示。

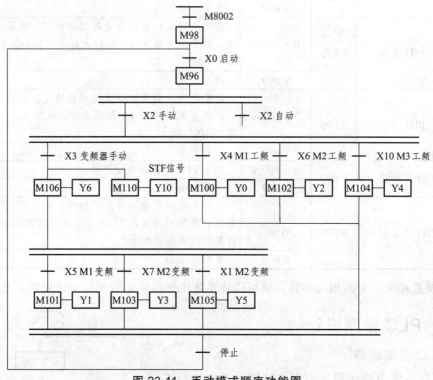

图 23-11　手动模式顺序功能图

当按下 SB3（X2）按钮时，系统进入手动运行模式。按下变频器手动按钮 SB4（X3），
变频器进入手动运行模式，PLC 的 Y6 输出，变频器电源接触器 KM7 动作，变频器正转启动
信号 STF 动作，变频器动作。当按下 SBn（n = 5，7，9）按钮（对应信号端子为 X5、X7、
X11）时，对应的水泵 M1、M2、M3 分别处于变频运行状态。当用户按下 SBn（n = 4，6，8）
按钮（对应信号端子为：X4、X6、X10）时，对应的水泵 M1、M2、M3 分别处于工频运行
状态。每台电机单独运行时可以调整频率，运行在不同的频率状态下。特别需要注意的是，
一台电机要么在工频运行状态，要么在变频运行状态，对应的工频和变频按钮不能同时按下，
如果同时按下，系统发出警报且电机无法启动。

手动启动变频器后，当系统压力不够，需要增加泵时，需要先切断该电机的变频接触器
电源，再启动该电机的工频运行，之后才能再变频启动下一台电机。为了在变频向工频切换
时保护变频器免于受到工频电压的反向冲击，在切换时，用时间继电器作了时间延迟。当压
力过大时，可以手动切断工频运行的电机的电源，同时启动电机变频运行，可根据需要，停
按不同电机对应的启停按钮，可以依次实现手动启动和手动停止三台水泵。

3. 自动运行模式

自动模式运行顺序功能图如图 23-12 所示。

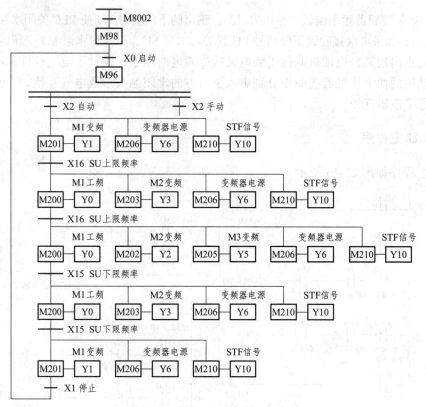

图 23-12　自动模式顺序功能图

　　由 PLC 分别控制水泵电机工频和变频运行，根据压力传感器反馈的信号控制变频器的运行频率，根据运行频率的上限和下限信号进行增泵升压和减泵降压控制。升压控制中，水泵处于工频、变频调速、停止状态这三种状态的一种状态中。系统开始工作时，供水管道内水压力为零，启动信号按下后，变频器开始运行，第一台水泵 M1 启动，转速逐渐升高，当输出压力达到设定值，其供水量与用水量相平衡时，转速才稳定在某一定值。当用水量增加，水压减小时，通过 PID 调节水泵按设定速率加速到另一个稳定转速；反之，用水量减少水压增加时，水泵按设定的速率减速到新的稳定转速。用水量继续增加，变频器输出频率达到工频时，水压仍低于设定值，由 PLC 控制该 M1 水泵切换至工频运行；同时第二台水泵 M2 投入变频器并变速运行，系统继续进行水压的闭环调节，直到水压达到设定值为止。如果用水量继续增加，水泵 M3 投入运行，变频器输出频率达到工频，压力仍未达到设定值时，控制系统就会发出故障报警。

　　降压控制中当用水量下降水压升高，变频器输出频率降至启动频率时，水压仍高于设定值，系统将工频运行时间最长的一台水泵关掉，恢复对水压的闭环调节，使压力重新达到设定值。当用水量继续下降，将继续停止工频运行的变频器，直到剩下最后一台变频泵运行为止。

　　Y0 接 KM1 控制 M1 的工频运行，Y1 接 KM2 控制 M1 的变频运行；Y2 接 KM3 控制 M2 的工频运行，Y3 接 KM4 控制 M2 的变频运行；Y4 接 KM5 控制 M3 的工频运行，Y5 接 KM6 控制 M3 的变频运行。系统启动后，KM7 闭合，水泵 M1 以变频方式运行，当变频器的运行频率超出上限频率后，PLC 接收这个上限信号 SU 后将水泵 M1 的变频运行状态转为工频运行状态，KM2 断开 KM1 吸合，同时 KM4 吸合变频启动 M2 水泵。水泵 M2 变频运行中，再次接收到变频器上限信号 SU，则 KM4 断开 KM3 吸合，水泵 M2 由变频转为工频运行，之后 KM6 动作水泵 M3

变频运行。如果变频器频率偏低，即压力过高，输出的下限信号 FU 使 PLC 关闭水泵 M3，水泵 M2 变频运行，如果再次接收到下限信号 FU 就关闭水泵 M2，只保留水泵 M1 变频运行。

为了防止出现某台电动机既接工频电又接变频电的现象，设计了电气软件和机械互锁，即控制电动机的两个接触器线圈中分别串入了对方的常闭触头形成电气互锁，在 PLC 软件程序中也进行了逻辑互锁。

4. PLC 主程序

PLC 主程序如图 23-13 所示。

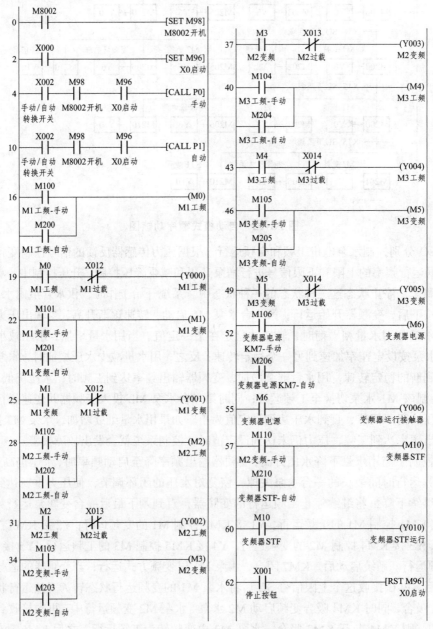

图 23-13　PLC 主程序梯形图

240

故障报警程序如图 23-14 所示。

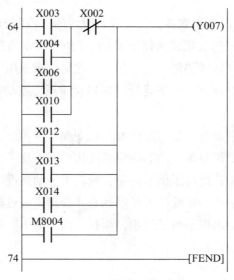

图 23-14　故障报警程序

23.4.6　触摸屏设计

根据学校实训设备情况，HMI 选用 MT6056，设计的参考画面如图 23-15 所示。具体设计操作参见触摸屏的使用（任务 22）。

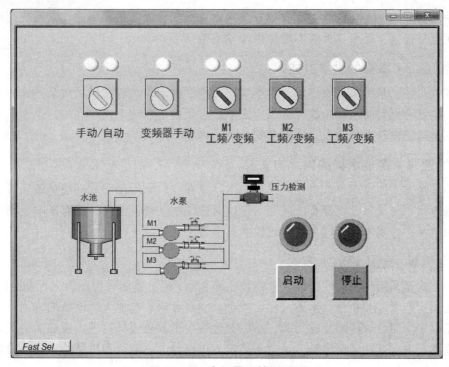

图 23-15　人机界面控制画面

23.4.7　项目总结

恒压供水系统是以 PLC 和变频器为核心进行设计的，借助于 PLC 强大而灵活的控制功能和内置 PID 的变频器优良的变频调速性能，实现了恒压供水的控制。该系统采用 PLC 控制变频器进行 PID 调节，按实际需要随意设定压力给定值，根据压差调整水泵的工作情况，实现恒压供水，使给水泵始终在高效率下运行，在启动时压力波动小，可控制在给定值的 5% 范围内。

恒压供水在日常生活中非常重要，基于 PLC 和变频器技术设计的生活恒压供水控制系统可靠性高、效率高、节能效果显著、动态响应速度快。因实现了恒压自动控制，不需要操作人员频繁操作，节省了人力，提高了供水质量，减轻了劳动强度，可实现无人值班，节约管理费用。对整个供水过程来说，系统的可扩展性好，管理人员可根据每个季节的用水情况，选择不同的压力设定范围，不但节约了用水，而且节约了电能，达到了更优的节能效果，实现供水的最优化控制和稳定性控制。

23.5　知识拓展

23.5.1　常见供水方式介绍

常见的供水方式有以下几种：

1. 恒速泵直接供水方式

这种供水方式，水泵从蓄水池或城市公网中直接抽水加压送往用户。该系统简单，造价最低；缺点是耗电、耗水，水压不稳，供水质量差。

2. 恒速泵 + 水塔的供水方式

这种方式是水泵先向水塔供水，再由水塔向用户供水。水塔注满后水泵停止，水塔水位低于某一位置时再启动水泵。这种供水方式下，水泵处于断续工作状态中，供水压力比较稳定；缺点是基建设备投资最大，占地面积最大，水压不可调。

3. 恒速泵 + 高位水箱的供水方式

这种供水方式的原理与水塔相同，只是水箱设在建筑物的顶层。高层建筑还可分层设立水箱。占地面积与设备投资都有所减少，但这对建筑物的造价与设计都有影响，同时水箱受建筑物的限制，容积不可能过大，所以供水范围较小。

4. 恒速泵 + 气压罐供水方式

这种方式是利用封闭的气压罐代替高位水箱蓄水，通过监测罐内压力来控制泵的开、停。罐的占地面积与水塔和水箱供水方式相比较小，而且可以放在地上，设备的成本比水塔供水方式要低得多。而且气压罐是密封的，所以大大减少了水质因异物进入而被污染的可能性。但气压罐供水方式存在频繁启动、运行不稳定、用钢量大、电气和机械冲击大、设备损坏大的缺点。

5. 变频调速供水方式

这种供水系统的原理是通过安装在系统中的压力传感器将系统压力信号与设定压力值作比较，再通过控制器调节变频器的输出，无级调节水泵转速。使系统水压无论流量如何变化始终稳定在一定的范围内。变频调速控制方式有三种：水泵出口恒压控制、水泵出口变压控制、给水系统最不利点恒压控制。

1) 出口恒压控制

水泵出口恒压控制是将压力传感器安装在水泵出口处，使系统在运行过程中水泵出口的水压力恒定。这种方式适用于管路的阻力在水泵扬程中损失所占比例较小，整个给水系统的压力可以看作是恒定的。这种控制方式在供水量较大的系统中应用时，由于管路能耗较大，在低峰用水时，最不利点的流出水压高于设计值，不能得到最佳的节能效果。

2) 出口变压控制

水泵出口变压控制也是将压力传感器安装在水泵出口处，但其压力设定值不只是一个。是将每日 24 h 按用水曲线分成若干时段，计算出各个时段所需的水泵出口压力，进行全日变压，各时段恒压控制。这种控制方式其实是水泵出口恒压控制的特殊形式。它比水泵出口恒压控制方式更节能，但节能效果取决于将全天 24 h 分成的时段数及所需水泵出口压力计算的精确程度。所需水泵出口压力计算得越符合实际情况越节能，将全天分得越细越节能，当然控制的实现也越复杂。

3) 最不利点恒压控制

最不利点恒压控制是将压力传感器安装在系统最不利点处，使系统在运行过程中保持最不利点的压力恒定。这种方式的节能效果是最佳的，但由于最不利点一般距离水泵较远，压力信号的传输在实际应用中受到诸多限制，因此工程中很少采用。

变频调速式中的调速装置占地面积小，仅为几平方米，设备投入适中。变频恒压供水在系统用水量下降时可无级调节水泵转速，使供水压力与系统所需水压大致相等，这样就省了许多电能；同时变频器对水泵采用软启动，启动时冲击电流小，启动能耗比较小。变频调速式的运行十分稳定可靠，不会出现频繁的启动现象，加之启动方式为软启动，设备运行十分平稳，避免了电气和机械冲击；同时水经水泵加压后直接送往用户，防止了的水的二次污染，保证了饮用水的质量。

总之，变频调速式供水系统具有节约能源、节省钢材、节省占地、节省投资、调节能力大、运行稳定可靠的优势，具有广阔的应用前景和明显的经济效益与社会效益。

23.5.2　变频恒压供水控制系统原理

图 23-16 为变频恒压供水控制系统原理图。PLC 为该系统的核心部件，主要执行用户程序和进行闭环 PID 调节，从而自动调节压力，PLC 的输出用于控制接触器和变频器，从而控制水泵的转速，最终达到控制管网压力的作用。

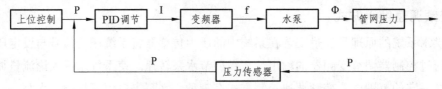

图 23-16　恒压供水控制系统原理图

变频器驱动水泵，上位控制采用人机界面，人机接口为操作人员提供恒压供水参数输入接口、数据和动画的实时显示，使操作人员不用到现场就能检测压力和水泵的转速等。

23.5.3　变频恒压供水系统特点

变频恒压供水系统具有以下几个特点：

（1）供水系统的控制对象是用户管网的水压，它是一个过程控制量，同其他一些过程控制量（如温度、流量、浓度等）一样，对控制作用的响应具有滞后性。同时在执行过程中用于控制变频器和水泵也存在一定的滞后效应。

（2）用户管网中因为有管阻、水锤等因素的影响，同时又由于水泵自身的一些固有特性，使水泵转速的变化与管网压力的变化不成正比，因此变频调速恒压供水系统是一个非线性系统。

（3）变频调速恒压供水系统要具有广泛的通用性。面向各种各样的供水系统，特别是供水系统管网结构、用水量和扬程等方面存在着较大的差异，控制对象模型应具有很强的适应性。

（4）在变频调速恒压供水系统中，一般加入有定量泵的控制，而定量泵的启动和停止控制是随时发生的，同时定量泵的运行状态直接影响供水系统的稳定性，使其不确定性增加，需要好的控制策略来解决这个问题。

（5）当出现意外情况，如突然停水、断电、变频器故障时，系统能根据水泵及变频器的状态、电网状况、水源水位、管网压力等状况自动进行切换，保证管网内压力恒定。在故障发生时，执行专门的故障程序，保证在紧急情况下仍能进行供水。

（6）水泵的电气控制柜，应该具有远程和本地控制的功能和数据通信接口，能通过控制信号或网络相连，能对供水的相关数据进行实时传送，以便显示和监控。

（7）用变频器进行调速，节能效果显著，对每台水泵进行软启动，启动电流可从零到电机额定电流，减少了启动电流对电网的冲击，同时减少了启动惯性对设备的机械冲击，延长了设备的使用寿命。

思考与练习

1. PLC 控制系统电源公共端如何分配？

2. 变频器恒压供水系统中 M1、M2、M3 是按顺序启动和停止的，如何实现先启动电机先停止，画出逻辑原理图和编制程序。

3. 简述自动化控制系统工程的实施步骤。

附录Ⅰ 常用字符与 ASCII 码对照表

ASCII 码值	字符	ASCII 码值	字符	ASCII 码值	字符	ASCII 码值	字符
0	NUL（空）	32	（space）	64	@	96	`
1	SOH（文件头开始）	33	!	65	A	97	a
2	STX（文本开始）	34	"	66	B	98	b
3	ETX（文本结束）	35	#	67	C	99	c
4	EOT（传输结束）	36	$	68	D	100	d
5	ENQ（询问）	37	%	69	E	101	e
6	ACK（确认）	38	&	70	F	102	f
7	BEL（响铃）	39	'	71	G	103	g
8	BS（后退）	40	(	72	H	104	h
9	HT（水平跳格）	41	)	73	I	105	i
10	LF（换行）	42	*	74	J	106	j
11	VT（垂直跳格）	43	+	75	K	107	k
12	FF（格式馈给）	44	,	76	L	108	l
13	CR（回车）	45	-	77	M	109	m
14	SO（向外移出）	46	.	78	N	110	n
15	SI（向内移入）	47	/	79	O	111	o
16	DLE（数据传送换码）	48	0	80	P	112	p
17	DC1（设备控制1）	49	1	81	Q	113	q
18	DC2（设备控制2）	50	2	82	R	114	r
19	DC3（设备控制3）	51	3	83	S	115	s
20	DC4（设备控制4）	52	4	84	T	116	t
21	NAK（否定）	53	5	85	U	117	u
22	SYN（同步空闲）	54	6	86	V	118	v
23	ETB（传输块结束）	55	7	87	W	119	w
24	CAN（取消）	56	8	88	X	120	x
25	EM（媒体结束）	57	9	89	Y	121	y
26	SUB（减）	58	:	90	Z	122	z
27	ESC（退出）	59	;	91	[	123	{
28	FS（域分隔符）	60	<	92	\	124		
29	GS（组分隔符）	61	=	93	]	125	}
30	RS（记录分隔符）	62	>	94	^	126	~
31	US（单元分隔符）	63	?	95	_	127	DEL

附录 II 应用指令一览表【按指令种类】

应用指令【按指令种类】，可分为 19 种，如下所示。

1	数据传送指令	11	程序流程控制指令
2	数据转换指令	12	I/O刷新指令
3	比较指令	13	时钟控制指令
4	四则运算指令	14	脉冲输出·定位指令
5	逻辑运算指令	15	串行通信指令
6	特殊函数指令	16	特殊功能单元/模块控制指令
7	循环指令	17	扩展寄存器/扩展文件寄存器控制指令
8	移位指令	18	FX3U-CF-ADP用应用指令
9	数据处理命令	19	其他的方便指令
10	字符串处理指令		

1. 数据传送指令

指令	FNC No.	功能
MOV	FNC 12	传送
SMOV	FNC 13	位移动
CML	FNC 14	反转传送
BMOV	FNC 15	成批传送
FMOV	FNC 16	多点传送
PRUN	FNC 81	8进制位传送
XCH	FNC 17	交换
SWAP	FNC 147	高低字节互换
EMOV	FNC 112	2进制浮点数数据传送
HCMOV	FNC 189	高速计数器的传送

2. 数据转换指令

指令	FNC No.	功能
BCD	FNC 18	BCD转换
BIN	FNC 19	BIN转换
GRY	FNC 170	格雷码的转换
GBIN	FNC 171	格雷码的逆转换
FLT	FNC 49	BIN整数→2进制浮点数的转换
INT	FNC 129	2进制浮点数→BIN整数的转换
EBCD	FNC 118	2进制浮点数→10进制浮点数的转换
EBIN	FNC 119	10进制浮点数→2进制浮点数的转换
RAD	FNC 136	2进制浮点数角度→弧度的转换
DEG	FNC 137	2进制浮点数弧度→角度的转换

3. 比较指令

指令	FNC No.	功能
LD=	FNC 224	触点比较LD $(S1) = (S2)$
LD>	FNC 225	触点比较LD $(S1) > (S2)$
LD<	FNC 226	触点比较LD $(S1) < (S2)$
LD<>	FNC 228	触点比较LD $(S1) \neq (S2)$
LD<=	FNC 229	触点比较LD $(S1) \leqq (S2)$
LD>=	FNC 230	触点比较LD $(S1) \geqq (S2)$
AND=	FNC 232	触点比较AND $(S1) = (S2)$
AND>	FNC 233	触点比较AND $(S1) > (S2)$
AND<	FNC 234	触点比较AND $(S1) < (S2)$
AND<>	FNC 236	触点比较AND $(S1) \neq (S2)$
AND<=	FNC 237	触点比较AND $(S1) \leqq (S2)$
AND>=	FNC 238	触点比较AND $(S1) \geqq (S2)$
OR=	FNC 240	触点比较OR $(S1) = (S2)$
OR>	FNC 241	触点比较OR $(S1) > (S2)$
OR<	FNC 242	触点比较OR $(S1) < (S2)$
OR<>	FNC 244	触点比较OR $(S1) \neq (S2)$
OR<=	FNC 245	触点比较OR $(S1) \leqq (S2)$
OR>=	FNC 246	触点比较OR $(S1) \geqq (S2)$
CMP	FNC 10	比较
ZCP	FNC 11	区间比较
ECMP	FNC 110	2进制浮点数比较
EZCP	FNC 111	2进制浮点数区间比较
HSCS	FNC 53	比较置位(高速计数器用)
HSCR	FNC 54	比较复位(高速计数器用)
HSZ	FNC 55	区间比较(高速计数器用)
HSCT	FNC 280	高速计数器的表格比较
BKCMP=	FNC 194	数据块比较 $(S1) = (S2)$

3. 比较指令

指令	FNC No.	功能
BKCMP>	FNC 195	数据块比较 S1 > S2
BKCMP<	FNC 196	数据块比较 S1 < S2
BKCMP<>	FNC 197	数据块比较 S1 ≠ S2
BKCMP<=	FNC 198	数据块比较 S1 ≦ S2
BKCMP>=	FNC 199	数据块比较 S1 ≧ S2

4. 四则运算指令

指令	FNC No.	功能
ADD	FNC 20	BIN加法运算
SUB	FNC 21	BIN减法运算
MUL	FNC 22	BIN乘法运算
DIV	FNC 23	BIN除法运算
EADD	FNC 120	2进制浮点数加法运算
ESUB	FNC 121	2进制浮点数减法运算
EMUL	FNC 122	2进制浮点数乘法运算
EDIV	FNC 123	2进制浮点数除法运算
BK+	FNC 192	数据块的加法运算
BK-	FNC 193	数据块的减法运算
INC	FNC 24	BIN加一
DEC	FNC 25	BIN减一

5. 逻辑运算指令

指令	FNC No.	功能
WAND	FNC 26	逻辑与
WOR	FNC 27	逻辑或
WXOR	FNC 28	逻辑异或

6. 特殊函数指令

指令	FNC No.	功能
SQR	FNC 48	BIN开方运算
ESQR	FNC 127	2进制浮点数开方运算
EXP	FNC 124	2进制浮点数指数运算
LOGE	FNC 125	2进制浮点数自然对数运算
LOG10	FNC 126	2进制浮点数常用对数运算
SIN	FNC 130	2进制浮点数SIN运算
COS	FNC 131	2进制浮点数COS运算
TAN	FNC 132	2进制浮点数TAN运算
ASIN	FNC 133	2进制浮点数SIN-1运算
ACOS	FNC 134	2进制浮点数COS-1运算
ATAN	FNC 135	2进制浮点数TAN-1运算
RND	FNC 184	产生随机数

7. 循环指令

指令	FNC No.	功能
ROR	FNC 30	循环右移
ROL	FNC 31	循环左移
RCR	FNC 32	带进位循环右移
RCL	FNC 33	带进位循环左移

8. 移位指令

指令	FNC No.	功能
SFTR	FNC 34	位右移
SFTL	FNC 35	位左移
SFR	FNC 213	16位数据的n位右移(带进位)
SFL	FNC 214	16位数据的n位左移(带进位)
WSFR	FNC 36	字右移
WSFL	FNC 37	字左移
SFWR	FNC 38	移位写入[先入先出/先入后出控制用]
SFRD	FNC 39	移位读出[先入先出控制用]
POP	FNC 212	读取后入的数据[先入后出控制用]

9. 数据处理命令

指令	FNC No.	功能
ZRST	FNC 40	成批复位
DECO	FNC 41	译码
ENCO	FNC 42	编码
MEAN	FNC 45	平均值
WSUM	FNC 140	计算出数据的合计值
SUM	FNC 43	ON位数
BON	FNC 44	判断ON位
NEG	FNC 29	补码
ENEG	FNC 128	2进制浮点数符号翻转
WTOB	FNC 141	字节单位的数据分离
BTOW	FNC 142	字节单位的数据结合
UNI	FNC 143	16位数据的4位结合
DIS	FNC 144	16位数据的4位分离
CCD	FNC 84	校验码
CRC	FNC 188	CRC运算
LIMIT	FNC 256	上下限位控制
BAND	FNC 257	死区控制
ZONE	FNC 258	区域控制
SCL	FNC 259	定坐标(各点的坐标数据)
SCL2	FNC 269	定坐标2(X/Y坐标数据)
SORT	FNC 69	数据排列
SORT2	FNC 149	数据排列2
SER	FNC 61	数据检索
FDEL	FNC 210	数据表的数据删除
FINS	FNC 211	数据表的数据插入

10. 字符串处理指令

指令	FNC No.	功能
ESTR	FNC 116	2进制浮点数 →字符串的转换
EVAL	FNC 117	字符串→2进制 浮点数的转换
STR	FNC 200	BIN→字符串的转换
VAL	FNC 201	字符串→BIN的转换
DABIN	FNC 260	10进制ASCII→BIN的转换
BINDA	FNC 261	BIN→10进制ASCII的转换
ASCI	FNC 82	HEX→ASCII的转换
HEX	FNC 83	ASCII→HEX的转换
$MOV	FNC 209	字符串的传送
$+	FNC 202	字符串的结合
LEN	FNC 203	检测出字符串的长度
RIGH	FNC 204	从字符串的右侧开始取出
LEFT	FNC 205	从字符串的左侧开始取出
MIDR	FNC 206	字符串中的任意取出
MIDW	FNC 207	字符串中的任意替换
INSTR	FNC 208	字符串的检索
COMRD	FNC 182	读出软元件的注释数据

11. 程序流程控制指令

指令	FNC No.	功能
CJ	FNC 00	条件跳转
CALL	FNC 01	子程序调用
SRET	FNC 02	子程序返回
IRET	FNC 03	中断返回
EI	FNC 04	允许中断
DI	FNC 05	禁止中断
FEND	FNC 06	主程序结束
FOR	FNC 08	循环范围的开始
NEXT	FNC 09	循环范围的结束

12. I/O刷新指令

指令	FNC No.	功能
REF	FNC 50	输入输出刷新
REFF	FNC 51	输入刷新(带滤波器设定)

13. 时钟控制指令

指令	FNC No.	功能
TCMP	FNC 160	时钟数据的比较
TZCP	FNC 161	时钟数据的区间比较
TADD	FNC 162	时钟数据的加法运算
TSUB	FNC 163	时钟数据的减法运算
TRD	FNC 166	读出时钟数据
TWR	FNC 167	写入时钟数据
HTOS	FNC 164	[时、分、秒]数据的秒转换
STOH	FNC 165	秒数据的[时、分、秒]转换

14. 脉冲输出·定位指令

指令	FNC No.	功能
ABS	FNC 155	读出ABS当前值
DSZR	FNC 150	带DOG搜索的原点回归
ZRN	FNC 156	原点回归
TBL	FNC 152	表格设定定位
DVIT	FNC 151	中断定位
DRVI	FNC 158	相对定位
DRVA	FNC 159	绝对定位
PLSV	FNC 157	可变速脉冲输出
PLSY	FNC 57	脉冲输出
PLSR	FNC 59	带加减速的脉冲输出

15. 串行通信指令

指令	FNC No.	功能
RS	FNC 80	串行数据的传送
RS2	FNC 87	串行数据的传送2
IVCK	FNC 270	变频器的运行监控
IVDR	FNC 271	变频器的运行控制
IVRD	FNC 272	读出变频器的参数
IVWR	FNC 273	写入变频器的参数
IVBWR	FNC 274	成批写入变频器的参数
IVMC	FNC 275	变频器的多个命令
ADPRW	FNC 276	MODBUS读出·写入

16. 特殊功能单元/模块控制指令

指令	FNC No.	功能
FROM	FNC 78	BFM的读出
TO	FNC 79	BFM的写入
RD3A	FNC 176	模拟量模块的读出
WR3A	FNC 177	模拟量模块的写入
RBFM	FNC 278	BFM分割读出
WBFM	FNC 279	BFM分割写入

17. 扩展寄存器/扩展文件寄存器控制指令

指令	FNC No.	功能
LOADR	FNC 290	扩展文件寄存器的读出
SAVER	FNC 291	扩展文件寄存器的成批写入
RWER	FNC 294	扩展文件寄存器的删除·写入
INITR	FNC 292	扩展寄存器的初始化
INITER	FNC 295	扩展文件寄存器的初始化
LOGR	FNC 293	登录到扩展寄存器

18. FX₃U-CF-ADP用应用指令

指令	FNC No.	功能
FLCRT	FNC 300	文件的制作•确认
FLDEL	FNC 301	文件的删除•CF卡格式化
FLWR	FNC 302	写入数据
FLRD	FNC 303	数据读出
FLCMD	FNC 304	对FX₃U-CF-ADP的动作指示
FLSTRD	FNC 305	FX₃U-CF-ADP的状态读出

19. 其他的方便指令

指令	FNC No.	功能
WDT	FNC 07	看门狗定时器
ALT	FNC 66	交替输出
ANS	FNC 46	信号报警器置位
ANR	FNC 47	信号报警器复位
HOUR	FNC 169	计时表
RAMP	FNC 67	斜坡信号
SPD	FNC 56	脉冲密度
PWM	FNC 58	脉宽调制
DUTY	FNC 186	发出定时脉冲
PID	FNC 88	PID运算
ZPUSH	FNC 102	变址寄存器的成批保存
ZPOP	FNC 103	变址寄存器的恢复
TTMR	FNC 64	示教定时器
STMR	FNC 65	特殊定时器
ABSD	FNC 62	凸轮顺控绝对方式
INCD	FNC 63	凸轮顺控相对方式
ROTC	FNC 68	旋转工作台控制
IST	FNC 60	初始化状态
MTR	FNC 52	矩阵输入
TKY	FNC 70	数字键输入
HKY	FNC 71	16进制数字键输入
DSW	FNC 72	数字开关
SEGD	FNC 73	7段解码器
SEGL	FNC 74	7SEG时分显示
ARWS	FNC 75	箭头开关
ASC	FNC 76	ASCII数据的输入
PR	FNC 77	ASCII码打印
VRRD	FNC 85	电位器读出
VRSC	FNC 86	电位器刻度

附录Ⅲ　FX₃ᵤ·FX₃ᵤC 可编程控制器软元件编号一览表

软元件名	内容		
输入输出继电器			
输入继电器	X000~X367*1	248点	软元件的编号为8进制编号
输出继电器	Y000~Y367*1	248点	输入输出合计为256点
辅助继电器			
一般用[可变]	M0~M499	500点	通过参数可以更改保持/非保持的设定
保持用[可变]	M500~M1023	524点	
保持用[固定]	M1024~M7679*2	6656点	
特殊用*3	M8000~M8511	512点	
状态			
初始化状态(一般用[可变])	S0~S9	10点	通过参数可以更改保持/非保持的设定
一般用[可变]	S10~S499	490点	
保持用[可变]	S500~S899	400点	
信号报警器用(保持用[可变])	S900~S999	100点	
保持用[固定]	S1000~S4095	3096点	
定时器(ON延迟定时器)			
100ms	T0~T191	192点	0.1~3,276.7秒
100ms[子程序、中断子程序用]	T192~T199	8点	0.1~3,276.7秒
10ms	T200~T245	46点	0.01~327.67秒
1ms累计型	T246~T249	4点	0.001~32.767秒
100ms累计型	T250~T255	6点	0.1~3,276.7秒
1ms	T256~T511	256点	0.001~32.767秒
计数器			
一般用增计数(16位)[可变]	C0~C99	100点	0~32,767的计数器
保持用增计数(16位)[可变]	C100~C199	100点	通过参数可以更改保持/非保持的设定
一般用双方向(32位)[可变]	C200~C219	20点	−2,147,483,648 ~ +2,147,483,647 的计数器通过参数可以更改保持/非保持的设定
保持用双方向(32位)[可变]	C220~C234	15点	
高速计数器			
单相单计数的输入双方向(32位)	C235~C245		C235~C255中最多可以使用8点[保持用] 通过参数可以更改保持/非保持的设定 −2,147,483,648~+2,147,483,647的计数器
单相双计数的输入双方向(32位)	C246~C250		硬件计数器*4 单相：100kHz×6点、10kHz×2点 双相：50kHz(1倍)、50kHz(4倍)
双相双计数的输入双方向(32位)	C251~C255		软件计数器 单相：40kHz 双相：40kHz(1倍)、10kHz(4倍)

*1. 根据可编程控制器型号而不同。

*2. 通过 LDP、LDF、ANDP、ANDF、ORP、ORF 指令使用 M2800~M3071 时，动作会不同。

*3. 支持功能请参考操作手册。
有关停电保持区域的使用，请参考操作手册。

*4. FX₃ᵤ 可编程控制器中，如使用 FX₃ᵤ-4HSX-ADP，最大输入频率如下所示。
单相：200 kHz
双相：100 kHz（1 倍）、100 kHz（4 倍）

软元件名		内容	
数据寄存器（成对使用时32位）			
一般用（16位）[可变]	D0～D199	200点	通过参数可以更改保持/非保持的设定
保持用（16位）[可变]	D200～D511	312点	
保持用（16位）[固定]〈文件寄存器〉	D512～D7999〈D1000～D7999〉	7488点〈7000点〉	通过参数可以将寄存器7488点中D1000以后的软元件以每500点为单位设定为文件寄存器
特殊用（16位）*1	D8000～D8511	512点	
变址用（16位）	V0～V7, Z0～Z7	16点	
扩展寄存器·扩展文件寄存器			
扩展寄存器（16位）	R0～R32767	32768点	通过电池进行停电保持
扩展文件寄存器（16位）	ER0～ER32767	32768点	仅在安装存储器盒时可用
指针			
JUMP、CALL分支用	P0～P4095	4096点	CJ指令、CALL指令用
输入中断输入延迟中断	I0□□～I5□□	6点	
定时器中断	I6□□～I8□□	3点	
计数器中断	I010～I060	6点	HSCS指令用
嵌套			
主控用	N0～N7	8点	MC指令用
常数			
10进制数（K）	16位	-32,768～ +32,767	
	32位	-2,147,483,648～ +2,147,483,647	
16进制数（H）	16位	0～FFFF	
	32位	0～FFFFFFFF	
实数（E）	32位	-1.0×2^{128}～ -1.0×2^{-126}, 0, 1.0×2^{-126}～ 1.0×2^{128} 可以用小数点和指数形式表示	
字符串（" "）	字符串	用" "框起来的字符进行指定。指令上的常数中，最多可以使用到半角的32个字符	

*1. 支持功能请参考操作手册。

有关停电保持区域的使用，请参考操作手册。

编号·名称	动作·功能	适用机型										
		FX3S	FX3G	FX3GC	FX3U	FX3UC	对应特殊软元件	FX1S	FX1N	FX1NC	FX2N	FX2NC
PLC状态												
[M]8000 RUN监控 a触点	RUN输入 … M8061错误发生 … M8000 … M8001 … M8002 … M8003 …▶扫描时间	O	O	O	O	O	—	O	O	O	O	O
[M]8001 RUN监控 b触点		O	O	O	O	O	—	O	O	O	O	O
[M]8002 初始脉冲 a触点		O	O	O	O	O	—	O	O	O	O	O
[M]8003 初始脉冲 b触点		O	O	O	O	O	—	O	O	O	O	O
[M]8004 错误发生	• FX3S、FX3G、FX3GC、FX3U、FX3UC 　M8060、M8061、M8064、M8065、M8066、M8067中任意一个为ON时接通 • FX1S、FX1N、FX1NC、FX2N、FX2NC 　M8060、M8061、M8063、M8064、M8065、M8066、M8067中任意一个为ON时接通	O	O	O	O	O	D8004	O	O	O	O	O
[M]8005 电池电压低	当电池处于电压异常低时接通	—	O	O	O	O	D8005	—	—	—	O	O
[M]8006 电池电压低 锁存	检测出电池电压异常低时置位	—	O	O	O	O	D8006	—	—	—	O	O
[M]8007 检测出瞬间停止	检测出瞬间停止时，1个扫描为ON 即使M8007接通，如果电源电压降低的时间在D8008的时间以内时，可编程控制器的运行继续。	—	—	—	O	O	D8007 D8008	—	—	—	O	O
[M]8008 检测出停电中	检测出瞬时停电时为ON。 如果电源电压降低的时间超出D8008的时间，则M8008复位，可编程控制器的运行STOP(M8000=OFF)。	—	—	—	O	O	D8008	—	—	—	O	O
[M]8009 DC24V掉电	输入输出扩展单元、特殊功能模块/单元中任意一个的DC24V掉电时接通	—	O	O	O	O	D8009	—	—	—	O	O

编号·名称	动作·功能	适用机型										
		FX3S	FX3G	FX3GC	FX3U	FX3UC	对应特殊软元件	FX1S	FX1N	FX1NC	FX2N	FX2NC
时钟												
[M]8010	不可以使用	—	—	—	—	—	—	—	—	—	—	—
[M]8011 10ms时钟	10ms周期的ON/OFF(ON: 5ms, OFF: 5ms)	○	○	○	○	○	—	○	○	○	○	○
[M]8012 100ms时钟	100ms周期的ON/OFF(ON: 50ms, OFF: 50ms)	○	○	○	○	○	—	○	○	○	○	○
[M]8013 1s时钟	1s周期的ON/OFF(ON: 500ms, OFF: 500ms)	○	○	○	○	○	—	○	○	○	○	○
[M]8014 1min时钟	1min周期的ON/OFF(ON: 30s, OFF: 30s)	○	○	○	○	○	—	○	○	○	○	○
M8015	停止计时以及预置 实时时钟用	○	○	○	○	○	—	○	○	○	○	○*3
M8016	时间读出后的显示被停止 实时时钟用	○	○	○	○	○	—	○	○	○	○	○*3
M8017	±30秒的修正 实时时钟用	○	○	○	○	○	—	○	○	○	○	○*3
[M]8018	检测出安装(一直为ON) 实时时钟用	○	○	○	○	○	—	○(一直为ON)*3				
M8019	实时时钟(RTC)错误 实时时钟用	○	○	○	○	○	—	○	○	○	○	○*3
标志位												
[M]8020 零位	加减法运算结果为0时接通	○	○	○	○	○	—	○	○	○	○	○
[M]8021 借位	减法运算结果超过最大的负值时接通	○	○	○	○	○	—	○	○	○	○	○
M8022 进位	加法运算结果发生进位时，或者移位结果发生溢出时接通	○	○	○	○	○	—	○	○	○	○	○
[M]8023	不可以使用	—	—	—	—	—	—	—	—	—	—	—
M8024*1	指定BMOV方向 (FNC 15)	○	○	○	○	○	—	○	○	○	○	○
M8025*2	HSC模式 (FNC 53~55)	—	—	—	○	○	—	—	—	—	○	○
M8026*2	RAMP模式 (FNC 67)	—	—	—	○	○	—	—	—	—	○	○
M8027*2	PR模式 (FNC 77)	—	—	—	○	○	—	—	—	—	○	○
M8028	100ms/10ms的定时器切换	○	—	—	—	—	—	○	—	—	—	—
M8028	FROM/TO(FNC 78、79)指令执行过程中允许中断	—	○	○	○	○	—	—	—	—	—	—
[M]8029 指令执行结束	DSW(FNC 72)等的动作结束时接通	○	○	○	○	○	—	○	○	○	○	○

*1. 根据可编程控制器如下所示。

　—FX1N·FX1NC·FX2N·FX2NC可编程控制器中不被清除。

　—FX3S·FX3G·FX3GC·FX3U·FX3UC可编程控制器中，从 RUN→STOP 时被清除。

*2. 根根可编程控制器如下所示。

　—FX2N·FX2NC可编程控制器中不被清除。

　—FX3U·FX3UC可编程控制器中，从 RUN→STOP 时被清除。

*3. FX2NC可编程控制器需要选件的内存板（带实时时钟）。

参考文献

[1] 史宜巧，孙亚明，景绍学. PLC 技术及应用项目教程[M]. 北京：机械工业出版社，2011.
[2] 张伟林. 三菱 PLC、变频器与触摸屏综合应用实训[M]. 北京：中国电力出版社，2011.
[3] 范次猛. PLC 编程与应用技术（三菱）[M]. 武汉：华中科技大学出版社，2012.
[4] 向晓汉. 三菱 FX 系列 PLC 完全精通教程[M]. 北京：化学工业出版社，2014.
[5] 魏小林，张跃东，等. PLC 技术项目化教程[M]. 北京：清华大学出版社，2010.
[6] 赵俊生，王亚军. 电气控制与 PLC 技术应用[M]. 北京：国防工业出版社，2011.
[7] 陈丽. PLC 控制系统编程与实现[M]. 北京：中国铁道出版社，2010.
[8] 王守城. 液压系统与 PLC 控制实训[M]. 北京：中国电力出版社，2011.

主要参考网站

http://www.mitsubishielectric-automation.cn/
http://www.weinview.cn/index-1.asp
http://www.schneider-electric.com/
http://www.omron.com.cn/
http://wenku.baidu.com/view/1e15d981e53a580216fcfe0c.html
http://www.gongkong.com/
http://www.gongkong.net/
http://www.siemens.com/
http://www.weinview.cn/index-1.asp
http://www.ymgk.com/
http://bbs.gkong.com/